全国高职高专房地产类专业系列规划实用教材

房地产开发综合实训（第二版）

主　编　陈林杰　贾忠革
副主编　朱其伟　易忠诚　王永洁

中国建筑工业出版社

图书在版编目（CIP）数据

房地产开发综合实训/陈林杰，贾忠革主编. —2 版 .—北京：中国建筑工业出版社，2017.1
全国高职高专房地产类专业系列规划实用教材
ISBN 978-7-112-20335-2

Ⅰ.①房…　Ⅱ.①陈…②贾…　Ⅲ.①房地产开发-高等职业教育-教材　Ⅳ.①F293.3

中国版本图书馆 CIP 数据核字(2017)第 013862 号

《房地产开发综合实训（第二版）》是根据房地产开发职业标准和精品课程"房地产开发与经营"的实践教学改革与实训经验编写而成，是培养房地产专业四大核心能力（房地产开发与经营、房地产营销与策划、房地产经纪实务、房地产估价）之一"房地产开发与经营能力"的专用实训教材。全书根据最新行业动态和最新房地产开发知识，以房地产项目的全程开发业务过程为主线，系统安排了房地产开发项目的经营环境分析与市场分析、房地产开发地块的竞拍、房地产地块开发楼盘的市场定位、房地产地块开发风险分析与投融资、房地产地块开发产品策划与规划设计、经营分析等八个实训环节，每个实训环节由实训技能要求、实训步骤、知识链接与相关案例、实施要领与相关经验、作业任务及作业规范要求、实训考核等组成，内容设置注重工匠精神的养成，并安排了房地产开发综合实训的准备工作内容，包括实训目标、实训组织、实训软件、实训过程管理等。同时，本书在综合实训的基础上设计了房地产开发业务技能竞赛，包括竞赛目标、竞赛内容、竞赛规则、竞赛组织、竞赛过程管理、竞赛实施过程步骤等内容，重点突出了房地产项目开发策略和开发流程，注重工匠精神的体现，趣味性、可学性和可用性强。

本书不仅可作为房地产类专业、建筑工程管理及相关专业的实训教材，亦可作为房地产企业、营销代理公司岗位培训、技能竞赛、职业能力证书考试用书，还是从业人员的工具型实践参考图书和职业提升的实用读本。

责任编辑：郦锁林　毕凤鸣　吴越恺
责任校对：李美娜　李欣慰

全国高职高专房地产类专业系列规划实用教材
房地产开发综合实训（第二版）
主　编　陈林杰　贾忠革
副主编　朱其伟　易忠诚　王永洁

＊

中国建筑工业出版社出版、发行（北京海淀三里河路 9 号）
各地新华书店、建筑书店经销
北京红光制版公司制版
北京建筑工业印刷厂印刷

＊

开本：787×1092 毫米　1/16　印张：8½　字数：204 千字
2017 年 5 月第二版　　2017 年 5 月第三次印刷
定价：**22.00** 元
ISBN 978-7-112-20335-2
（29783）

第二版前言

根据我国房地产行业企业的发展，房地产专业应该着重培养学生四大核心能力，即房地产开发与经营能力、房地产营销与策划能力、房地产经纪实务和房地产估价能力，相应地，教学环节应该有综合实训配套教材。《房地产开发综合实训》是培养"房地产开发与经营能力"的专用实训教材。

《房地产开发综合实训》的定位与内容。本教材定位于培养大学生的房地产专业技能水平，毕业后能够从事房地产项目开发的基本工作。本教材根据房地产开发职业标准和最新房地产行业企业动态及最新房地产开发知识编写，紧扣企业实践，以房地产项目的全程开发业务工作过程为主线，系统安排了房地产开发项目的经营环境分析与市场分析、房地产开发地块的竞拍、房地产地块开发楼盘的市场定位、房地产地块开发风险分析与投融资、房地产地块开发产品策划与规划设计等八个实训环节，每个实训环节由实训技能要求、知识链接与相关案例、实施要领与作业规范、实训步骤、实训考核等组成，注重工匠精神的养成；并安排了房地产开发综合实训的准备工作内容，包括实训目标、实训组织、实训软件、实训过程管理等。同时，本书在综合实训的基础上设计了房地产开发业务技能竞赛，包括竞赛目标、竞赛内容、竞赛规则、竞赛组织、房地产开发业务实训软件竞赛功能简介、竞赛过程管理、竞赛实施过程步骤等内容，重点突出了房地产项目开发策略和开发流程，趣味性、可学性和可用性强，达到提高学生的房地产专业技能水平、领悟工匠精神，能够从事房地产项目开发工作之目的。

本教材主要特色：突出了职业标准、职业技能与工匠精神的结合，重点编写了房地产地块项目开发的策略与操作思路、程序。①逻辑新。本教材以房地产项目的全程开发业务工作过程为主线，精心布局房地产开发业务的技能点。②内容新。本教材实训内容大都是取材于2014年以后房地产行业发生的故事，紧扣了房地产行业的最新动态，吸收了最新科研成果以及"互联网＋"内容。③案例多。本教材收集了较多的品牌企业第一手案例，其中一些是微型案例，这些案例绝大部分是房地产企业在项目开发实践中可能要面对的。④操作性强。本教材重点突出了操作思路、操作策略以及操作流程。⑤趣味性强。本教材在综合实训的基础上设计了房地产开发业务技能竞赛，有助于提高学生掌握技能的兴趣和技巧，更好地领悟工匠精神。⑥提供了切实可行的教学建议。包括学时安排、教学组织与考核方法。

房地产行业是快速发展的行业，编出一部指导实践的实训教材是很困难的。虽然编者已经做了许多努力，力图使《房地产开发综合实训》做得更好，但限于编者的能力和水平，教材中的缺点和错误在所难免，敬请各位同行、专家和广大读者批评指正，以使教材日臻完善。

要特别强调的是，国内各高校任"房地产开发"课程教学的同行给了我无数的启迪和帮助，如果说本书有一点点进步的话，那么也是站在他们肩上的缘故，在此表示由衷的感谢。尤其让我感动的是，许多房地产同行和企业专家对本系列实训教材的编写提供了巨大的帮助：

宋春兰、何红、赵振淇、田旭；贾丽、徐成林、周柱武；黄荣萍、陈龙；李中生；周正辉、李本里、杜转萍、韩华丽、尹爱飞、费文美；康媛媛、全利、文娟娟、高倩、余佳佳；吴义强、许欢欢、杨渝清、郑寒英、闫蕾、郑寒英、李玉洁；易忠诚、向小玲、孙艳；封永梅、张雪梅、杨燕、孙婷婷、刘国杰；徐琳；王园园、吴莉莉、田慧；王华蓉、杨帆、赵为民；崔发强、杨晓华、辛振宇、鞠好学、王燕燕；田明刚、刘永胜、黄健德、吕正辉、赵素萍；朱其伟、宫斐、曾丽娟；吴洋滨、李卉欣、宁婵、隆林宁、张义斌；黄薇、买海峰、黄国全、庞德忠、马云；覃芳、杨盈盈、余彬、万建国、程沙沙；陈亮、吴彬宇；李海玲、闵海波；蒋英、裴国忠、熊亮亮、李敏；蒋丽、易飞、徐秋生、徐心一；刘雅婧、余凡、余阳梓；李国蓉、于永建、袁韶华、年立辉；陈静、蔡倩、郭晟、杨敏；戎晓红、徐强、张艳球；何宗花、杨婵玉、赵小旺、唐韦、赖冬英；廖晓波、雷华、陶全军、李春云、陈健；李兆允、康燕燕；许秀娟、梁春阁、毛桂平、陈杰红；张炳信、刘贞平、万磊、纪倩、朱秋群、李金保；马建辉、李凯、姜蕾；魏华洁、徐合芳、马明明、王辉、闫瑞君；隋昕禹、哈申高娃、王淑红、崔保健；王晓辉、高为民、靳晶晶、孔德军；张雪玉；薛文婷；汪燕、陶潜毅、吴飞、秦焕杰、吴凤丽、袁敏；郭媛媛、贾俊妮、朱丽夏；刘丽云、徐莎莎；张蕾、赵龙彪、陶杨；贾忠革、张妍妍、王萍、谭明辉、孙丰艳、石海均；栗建、刘昌斌、王晓华、张东华、王珣；栾淑梅、王莹、王雪梅、闫旭；刘燕玲、吴涛、王永洁、范海舟、牛敏；海商容、李善慧、井凤娟、段永萍；曾健如、王安华、左根林、朱小艳、舒菁英、雷云梅；曾福林、张弛、罗少卿；李伟华、赵雪洁、房荣敏、薛松；龚鹏腾、余杰；洪媛、吕灏；高志云、黄庆阳、邵志华；陈园园、吴淑科、庄丽琰、刘艳伟；魏爱霞；林澜、杨蕾颖、徐捷；陈小平、徐燕君、余霜、李娜；王剑超、李海燕、周莉、任颖卿；冯力、李娇、刘波；汪洋、陈基纯、李丹；佟世炜、徐春波、黄平、武会玲；刘丽、郑伟俊；鲁杨、刘晶、郑晓俐；谭心燕；王明霞、田颖；周志刚、邓蓉晖、张平平、徐敏；冯倩；黄卫东；袁伟伟；何兴军；何兰；陈晓宇、钟幼茶、陆杭高；傅玳；白蓉；倪敏；黄国辉；申燕飞；彭建林；王南；樊群、张家颖、范婷、崔苏卫、钟廷均。

我已经毕业的房地产专业学生朱军华、李忠伟等与我一起探讨房地产开发实战方法，并提供了一些案例、给了我很多很好的建议。同时，本书也引用了网上一些相关资料，有可能会疏漏备注，在此表示歉意并致以由衷的谢意。此外，还要感谢中国建筑学会建筑经济分会领导以及中国建筑工业出版社的领导和编辑的大力支持。

编者联系邮箱：1927526399@qq.com。全国大学生房地产大赛 QQ 群 108820287。

编　者

2017 年 01 月于南京

第一版前言

　　房地产专业随着我国房地产业发展而成为热门专业，根据我国房地产行业企业的实际和发展需要，房地产专业应该着重培养学生四大核心能力，即房地产开发与经营能力、房地产营销与策划能力、房地产经纪实务和房地产估价能力，相应地应该开发出综合实训配套教材。《房地产开发综合实训》是培养"房地产开发与经营能力"的配套专用实训教材。

　　《房地产开发综合实训》的定位与内容。本教材定位于培养大学生的房地产专业技能水平，毕业后能够从事房地产项目开发的基本工作。本教材根据最新房地产行业企业动态和最新房地产开发知识，紧扣企业实践，以房地产项目的全程开发业务工作过程为主线，系统安排了房地产开发项目的经营环境分析与市场分析、房地产开发地块的竞拍、房地产地块开发楼盘的市场定位、房地产地块开发风险分析与投融资、房地产地块开发产品策划与规划设计等八个实训环节，每个实训环节由实训技能要求、知识链接与相关案例、实施要领与作业规范、实训步骤、实训考核等组成；并安排了房地产开发综合实训的准备工作内容，包括实训目标、实训组织、实训软件、实训过程管理等。同时，本书在综合实训的基础上设计了房地产开发业务技能竞赛，包括竞赛目标、竞赛内容、竞赛规则、竞赛组织、房地产开发业务实训软件竞赛功能简介、竞赛过程管理、竞赛实施过程步骤等内容，重点突出了房地产项目开发策略和开发流程，趣味性、可学性和可用性强，达到提高大学生的房地产专业技能水平，能够从事房地产项目开发工作之目的。

　　本教材主要特色。突出了技能与思路的结合，重点编写了房地产地块项目开发的策略与操作思路、程序。①逻辑新。本教材以房地产项目的全程开发业务工作过程为主线，精心布局房地产开发业务的技能点。②内容新。本教材实训内容大都是取材于2011年以后房地产行业发生的故事，紧扣了房地产行业的最新动态，吸收了最新科研成果。③案例多。本教材收集了较多的品牌企业第一手案例，其中一些是微型案例，这些案例绝大部分是房地产企业在项目开发实践中可能要面对的。④操作性强。本教材重点突出了操作思路、操作策略以及操作流程。⑤趣味性强。本教材在综合实训的基础上设计了房地产开发业务技能竞赛，有助于提高学生掌握技能的兴趣和技巧。⑥提供了切实可行的教学建议。包括学时安排、教学组织与考核方法。

　　房地产行业是快速发展的行业，编出一部指导实践的实训教材是很困难的。虽然编者已经做了许多努力，力图使《房地产开发综合实训》做得更好，但限于编者的能力和水平，教材中的缺点和错误在所难免，敬请各位同行、专家和广大读者批评指正，以使教材日臻完善。

　　要特别强调的是，国内各高校任"房地产开发"课程教学的同行给了我无数的启迪和帮助，如果说本书有一点点进步的话，那么也是站在他们肩上的缘故，在此表示由衷的感谢。尤其让我感动的是，许多房地产企业专家黄国全、王志磊、蒋英、魏华洁、白蕾、刘燕玲、刘永胜、康媛媛、高为民、邓蓉辉、万建国、间力强、魏爱霞、陈晓宇、蒋丽、殷世波、李海燕、李涛、李国蓉、陈静、王安华、左根林、裴国忠、于永建、戎晓红、周正辉、黄平、卓维松、王剑超、何宗花、刘丽、周志刚、傅玳、陈基纯、李丹、覃芳、张炳信、吕正辉、何兰、林澜、李华伟等，还有我已经毕业的房地产专业学生李甜、李忠伟与我一起探讨房地产开发实战方法，并提供了一些案例，给了我很多很好的建议。同时，本书也引用了网上一些相关资料，有可能会疏漏备注，在此表示歉意并致以由衷的谢意。此外，还要感谢中国建筑学会建筑经济分会领导以及中国建筑工业出版社领导和编辑的大力支持。

联系邮箱：1927526399@qq.com

中国建筑学会建筑经济分会全国房地产经营与估价专业委员会 QQ 群 282379766。

2014 年 5 月于南京

目　　录

教 学 建 议

一、学时安排

			内　　容	学时
上篇　房地产开发综合实训	第1章　房地产开发综合实训准备	1.1	房地产开发综合实训课程的专业定位与教学理念	4
		1.2	房地产开发综合实训目标	
		1.3	房地产开发综合实训内容及流程	
		1.4	房地产开发综合实训教学方式与教学组织	
		1.5	房地产开发综合实训教学进度计划与教学控制	
		1.6	房地产开发综合实训教学文件	
		1.7	房地产开发综合实训软件功能简介	
		1.8	房地产开发综合实训过程管理规则	
	第2章　房地产开发综合实训操作	实训1	房地产开发项目的经营环境分析与市场分析	4～12（1～3天）
		实训2	房地产开发地块的竞拍与土地使用权获取	4～8（1～2天）
		实训3	房地产地块开发楼盘的市场定位与可行性分析	4～8（1～2天）
		实训4	房地产地块开发投资分析与融资	4～8（1～2天）
		实训5	房地产地块开发产品策划与规划设计	8～20（2～5天）
		实训6	房地产地块开发的建设管理	4～8（1～2天）
		实训7	房地产地块开发楼盘销售	4～8（1～2天）
		实训8	房地产地块开发项目经营分析	4～8（1～2天）
		实训9	房地产开发综合实训总结与经验分享	4（1天）
		实训9+	房地产开发实训收尾结束工作	
			开发实训用时小计	40～80（10～20天）
下篇　房地产开发业务技能竞赛	第3章　房地产开发业务技能竞赛准备	3.1	房地产开发业务竞赛目的意义和原则	2
		3.2	房地产开发业务竞赛依据标准与竞赛内容	
		3.3	房地产开发业务竞赛规则	
		3.4	房地产开发业务竞赛组织	
		3.5	房地产开发业务竞赛平台功能简介	

			内　　容	学时
下篇　房地产开发业务技能竞赛	第4章　房地产开发业务技能竞赛实施过程	步骤1	房地产开发业务技能表演	2
		步骤2	组建房地产开发公司	
		步骤3	地块竞拍（地块开发风险分析与土地报价）	
		步骤4	目标市场选择与地块开发楼盘市场定位	
		步骤5	地块开发产品策划	
		步骤6	项目楼盘销售	
		步骤7	地块开发经营分析	
		步骤8	经营业绩排行榜	

二、考核方法

《房地产开发综合实训》课程在考核方法上，注重全面考察学生的学习状况，启发学生的学习兴趣，激励学生学习热情，促进学生的可持续发展。《房地产开发综合实训》课程对学生学习的评价，既关注学生知识与技能的理解和掌握，更要关注他们情感与态度的形成和发展；既关注学生学习的结果，更要关注他们在学习过程中的收获和发展。评价的手段和形式应多样化，要将过程评价与结果评价相结合，定性与定量相结合，充分关注学生的个性差异，发挥评价的启发激励作用，增强学生的自信心，提高学生的实际应用技能。

（1）注重对学生实训过程的评价

包括参与讨论的积极态度、自信心、实际操作技能、合作交流意识，以及独立思考的能力、创新思维能力等方面，如：

① 是否积极主动地参与讨论和分析；

② 是否敢于表述自己的想法，对自己的观点有充分的自信；

③ 是否积极认真地参与项目开发实践；

④ 是否敢于尝试从不同角度思考问题，有独到的见解；

⑤ 是否理解他人的思路，并在与小组成员合作交流中得到启发与进步；

⑥ 是否有认真反思自己思考过程的意识。

（2）重视对学生的启发

对学生进行启发式实训。对每个开发业务环节的实训时，通过设置的工作任务内容和学习过程，从管理者或信息使用者的角度提出问题，启发学生思考、分析、判断、操作，最后教师加以归纳、总结。在学生思考分析和动手操作时，教师要注重引导和提示。最终达到学生"独立（或换位）思考——分析、推理、选择——归纳整理、深刻理解——吸收创新"逐层递进的能力目标。

（3）恰当评价学生的实际操作技能

在评价学生实训效果时，要侧重实际操作能力的考察。评价手段和形式要体现多样化，在呈现评价结果时，应注重体现综合评价和要素评价，突出阶段评价、目标评价、理论与实践一体化评价。通过参与实训项目讨论的质量、分析能力、对新知识的接受和消化能力、学习迁移能力等多方面，与业务竞赛成绩结合评价学生的学习效果。学生实训操作技能考核评价以过程评价为主，结果评价为辅：

①过程考核：实训每一环节根据每位学生参与完成任务的工作表现情况和完成的作业记录，综合考核每一阶段学生参与工作的热情、工作的态度、与人沟通、独立思考、勇于发言，综合分析问题和解决问题的能力以及学生安全意识、卫生状态、出勤率等给予每一阶段过程考核成绩。

②结果考核：根据学生提交的项目开发策划方案，按企业策划方案的实用性要求判断作品完成的质量高低，并结合项目答辩思路是否清晰、语言表达是否准确等给出结果考核成绩。

③综合实训成绩评定：过程考核占70%，结果考核占30%。

④《房地产开发综合实训》课程总成绩：总成绩由综合实训成绩和业务竞赛成绩组成，综合实训成绩与业务竞赛成绩以7∶3的比例给予最终评定。

⑤否决项：旷课一天以上、违纪三次以上且无改正、发生重大责任事故、严重违反校纪校规。

上篇　房地产开发综合实训

　　房地产开发综合实训的任务是，培养学生的房地产项目开发业务操作能力和职业素养以及综合职业能力，特别是促进工匠精神养成，使房地产专业学生具备一定的房地产开发业务操作能力，达到职业标准要求，毕业后能够进行房地产开发业务的策划与执行工作。本篇重点介绍了房地产开发综合实训的准备工作和房地产开发综合实训的操作过程。

第1章　房地产开发综合实训准备

　　房地产开发综合实训的成效取决于其准备工作。本章从房地产开发综合实训课程的专业定位与教学理念、实训目标、实训内容及流程、实训教学方式与组织、实训教学进度计划与教学控制、实训教学文件、实训软件功能简介、实训过程管理等8个方面介绍了房地产开发综合实训的准备工作。

1.1　房地产开发综合实训课程的专业定位与教学理念

1. 房地产开发综合实训课程的专业定位

　　房地产开发综合实训是房地产经营与估价专业的一门重要的综合性实训课程。通过本课程的学习，可以融会贯通房地产专业知识与能力，培养学生职业素养。

　　（1）融会贯通专业知识与能力

　　将本专业已学习过的专业课程中所掌握的知识、技能与所形成的单项、单元能力通过本综合性实训课程进行融合，使学生了解这些已掌握的知识、技能与所形成的单项、单元能力在完成一个房地产项目开发典型工作任务时所起的作用，并掌握如何运用这些知识、技能与单项、单元能力来完成一个综合性的房地产项目开发业务，达到职业标准要求，激发与培养其从事房地产职业领域工作的兴趣与爱好。

　　（2）培养职业素养

　　通过本综合性实训课程，使学生在前期已进行房地产课程实验的基础上，学习并培养自己完成一个房地产项目开发典型工作任务完整工作过程所需要的专业能力、方法能力与社会能力，养成优秀的职业习惯与素养，特别是促进工匠精神养成。

2. 房地产开发综合实训课程的基本教学理念

　　（1）以学生为主体、学做合一

　　教学中通过激发学生的学习兴趣，引导其自主地、全面地理解本综合实训教学要求，提高思维能力和实际工作技能，增强理论联系实际的能力，培养创新精神，逐步养成善于观察、独立分析和解决问题的习惯。本课程在目标设定、教学过程、课程评价和教学方式等方面都突出以学生为主体的思想，注重学生实际工作能力与技术应用能力的培养，教师起到引导、指导、咨询的角色作用，使课程实施成为学生在教师指导下构建知识、提高技能、活跃思维、展现个性、拓宽视野的过程。

（2）多元化的实训教学手段

本课程以实战演练、模拟企业房地产开发活动为主要教学方式，在教学过程中，引导学生通过房地产市场调研与资料的查询、整理和分析，发现项目开发活动中存在的困难，并在团队合作的基础上，完成一个个具体的房地产项目开发业务任务，从而提高分析问题、解决问题的能力和业务技能，真正实现课程实训企业化。

（3）重视学生个体差异，注重提高整体水平

本课程在教学过程中，以激发兴趣、展现个性、发展心智和提高素质为基本理念，倡导以团队为单位自主学习，注重促进学生的知识与技术应用能力和健康人格的发展，以过程培养促进个体发展，以学生可持续发展能力和创新能力评价教学过程。

1.2 房地产开发综合实训目标

1. 课程总目标

学生在进行房地产开发综合实训时，已经学习了《房地产开发与经营》、《房屋建筑学》等课程，具备了房地产开发、房屋建筑等基本理论知识及相应的企业认知实训。房地产开发综合实训课程的教学总目标是：在房地产开发与经营、房屋建筑、项目管理、造价等能力基础上，进一步将房地产开发的相关课程的单项、单元能力（技能）融合在一起，通过典型房地产项目开发业务的调研、市场定位、产品设计、经营分析等开发方案的设计与操作，培养学生完成一个房地产具体开发项目实施的综合职业能力。

2. 具体能力目标

（1）专业能力目标

通过实训课程的学习与训练，使学生在前期课程与综合项目训练已掌握房地产开发的研究对象和特点、基本理论、原则与方法，掌握市场开发调研、开发设计、企业具体开发活动的流程、相关报告或方案撰写的要求、格式等的基础上，通过对房地产开发企业具体项目对象进行分析研讨，着重培养学生完成一个以典型项目为载体的房地产开发经营活动所具有的专业能力：

① 房地产开发经营环境的分析能力：调研能力、信息处理能力、调研报告撰写能力；

② 房地产开发项目市场分析与市场定位的能力；

③ 房地产开发项目的风险分析与投融资方案制定能力；

④ 房地产开发项目的产品策划与规划设计能力；

⑤ 房地产开发项目的建设管理与销售能力；

⑥ 房地产开发项目的经营分析能力；

⑦ 沟通协调能力；

⑧ 团队合作能力。

（2）方法能力目标

① 信息的收集方法。通过引导学生围绕本实训项目进行的信息收集、整理、加工与

处理，使学生能够针对项目所涉及的房地产行业领域的各种环境因素，利用科学的方法进行清晰地分析和准确地判断，在此基础上提出自己的独立见解与分析评价。

② 调研与方案制定方法。在完成以上信息收集阶段工作的基础上，学生能根据自己所形成的对本实训项目独立见解与分析评价，提出几种初步的项目实施方案，并能对多种方案从经济、实用等各方面进行可行性比较分析，通过团队的集体研讨、决策，选定本团队最终项目的实施方案。

③ 方案实施方法。在实施方案的基础上，学生能在教师引导下讨论形成方案实施的具体计划，如调研的对象、区域、房地产地块楼盘的定位、产品类型等，并完成活动实施的计划，在此基础上进行团队内的分工。实施过程中，要填写相关的作业文件。

④ 过程检查方法。在完成市场调研、产品设计、开发建设、销售等开发活动的方案的过程中，各组成员定期开展总结交流活动，发现问题及时解决，并在教师的指导下不断完善方案内容，填写进度表及其他作业文件。

⑤ 总结评估方法。最后阶段学生能较好地总结自己的工作，与团队成员一道通过研讨交流，评估本项目完成过程中的得失与经验，并就本实训项目学习提出技术与方法等各方面进一步改进的思路与具体方案，并分工合作完成项目最终方案报告，并以班级为单位进行交流与评价，按照评价标准给予实训成绩。

（3）社会能力目标

① 情感态度与价值观。在实训的过程中，培养学生严谨认真的科学态度与职业习惯，改变不良的学习行为方式；培养引导其对房地产开发活动的兴趣与爱好，激发他们学习的热情及学习积极性，培养学生的主体意识、问题意识、开放意识、互动意识、交流意识，树立自信的态度与正确的价值观。具体表现在：

A. 通过学习养成积极思考问题、主动学习的习惯；

B. 通过学习培养较强的自主学习能力；

C. 通过学习培养良好的团队合作精神，乐于助人；

D. 通过学习养成勇于克服困难的精神，具有较强的忍耐力；

E. 通过学习养成及时完成阶段性工作任务的习惯，达到"日清日毕"的要求。

② 职业道德与"工匠精神"素质养成

在实训的过程中，通过开展真实业务活动，注重养成工匠精神素质，即：精益求精，追求完美和极致；严谨，一丝不苟；耐心，专注，坚持；专业，敬业。实现与企业的真正对接，让学生领悟并认识到敬业耐劳、恪守信用、讲究效率、尊重规则、团队协作、崇尚卓越等职业道德与素质在个人职业发展和事业成功中的重要性，使学生能树立起自我培养良好的职业道德与注重日常职业素质养成的意识，为以后顺利融入社会及开展企业的房地产开发活动，打下坚实的基础。

1.3 房地产开发综合实训内容及流程

1. 综合实训内容

（1）选题范围

房地产开发综合实训项目的选题来源于真实的企业，一般选择学校的合作企业在当地的开发项目作为实训项目。如：南京工业职业技术学院选择合作企业栖霞房地产有限责任公司的"南京仙林大学城 G58 号地块"项目。

"58 号地块"项目位于南京市栖霞区仙林大学城仙霞路北，学子路东地块。"58 号地块"主要经济技术指标：

① 总用地面积：307682.1m²；

② 规划用地性质：二类居住用地；

③ 容积率：≤1.6；

④ 建筑密度：≤25%；

⑤ 建筑高度：≤35m；

⑥ 绿地率：35%。

（2）内容要求

① 具有房地产项目开发活动典型工作任务特征，并具有完整任务方案设计与教学要求；

② 能使学生通过本综合实训项目学习，得到各项能力的训练；

③ 项目教学中所形成的各环节教学模式、作业文件与成绩评价明确规范；

④ 项目教学中所形成的作业过程与作业文件符合房地产项目开发活动的相关要求；

⑤ 为学生提供的指导和条件能确保学生完成项目所规定的全部工作；

⑥ 融入房地产营销师职业能力考证应有的知识与技能点。

（3）典型工作任务、完整工作过程特征描述

栖霞房地产有限责任公司是江苏最大的房地产开发企业之一，开发项目技术含量高、执行规范，其开发项目"G58 号地块"具有"典型工作任务和完整工作过程"的特点，见图 1-1，可以培养学生的房地产开发职业素养和综合职业能力。

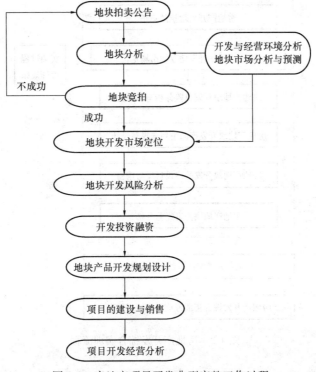

图 1-1　房地产项目开发典型完整工作过程

（4）功能操作指标

① 项目地块开发环境分析与市场分析操作训练。

② 房地产开发地块竞拍操作训练。

③ 项目地块市场定位操作训练。

④ 项目地块投资分析操作训练。

⑤ 项目地块产品策划与规划设计操作训练。

⑥ 项目地块楼盘建设管理与销售操作训练。

⑦ 项目地块开发经营分析操作训练。

2. 综合实训流程

房地产开发综合实训流程见图 1-2。

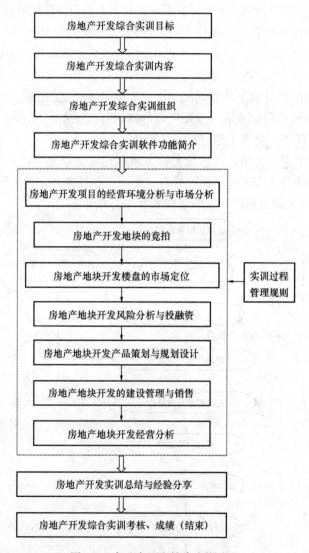

图 1-2　房地产开发综合实训流程

1.4 房地产开发综合实训教学方式与教学组织

1. 实训教学方式

房地产开发综合实训教学方式采用市场调研与企业现场实训、辅助案例与工作经验分享以及软件操作相结合。

（1）房地产市场调研与企业现场实训

组织学生围绕实训项目多次开展房地产市场调研，多次参观学校的合作企业，现场考察该企业的房地产开发项目，向企业员工学习、讨论、操作、训练，熟悉房地产项目开发业务操作流程。市场调研与现场考察目的：使学生熟悉房地产市场与项目开发过程，便于顺利完成实训项目的学习任务。

（2）辅助案例与工作经验分享

从学校合作企业的房地产开发项目里挑选多个典型的房地产开发项目案例以及房地产开发从业人员的工作经验，进行分析教学。辅助案例与工作经验分享目的：使学生寻找灵感和借鉴，便于顺利完成房地产开发项目实训操作学习任务。

（3）软件操作

根据市场调研、企业现场考察实训和辅助案例分析，把房地产开发项目实训内容录入房地产开发综合实训软件中，按房地产开发业务流程和设计方案进行业务操作，完成实训任务。

2. 实训教学组织

（1）模拟房地产开发公司成立实训教学组织

房地产项目开发综合实训采用在学校合作企业的公司背景下，模拟房地产开发公司做实际业务项目的运作方式，成立学生房地产开发有限公司（作为开发商），下设 6 个项目公司，即阳光一公司、阳光二公司、阳光三公司、阳光四公司、阳光五公司、阳光六公司，每个公司 6～8 人，每个公司学生推荐 1 名经理（组长），每天任务的分配均由经理组织进行。

（2）实训过程组织

进行实训前，教师要根据"房地产开发综合实训课程教学标准"编写"房地产开发综合实训教学任务书"和"房地产开发综合实训教师指导手册"，向学生说明实训的目的、意义及要求，特别强调实训结束需提交的作业文件，阐明实训纪律，并发放"房地产开发综合实训学生作业文件"，学生在经理的带领下开展实训活动。综合实训的过程要按照企业房地产开发活动的实际情况进行，参加实训的学生等同于是在为企业进行项目开发活动，要服从分组安排，在分工的基础上注重团队的合作，遇到问题团队集体进行讨论、解决。指导教师关心每个小组（公司）的进展，注意业务操作过程，引导学生按业务环节和任务要求进行，督促学生完成作业文件，组织组内、组与组之间项目研讨。项目工作过程完成后，进行考核评比选出优秀公司，并进行方案评比，选出最佳方案展示。

（3）实训组织纪律

严格考勤制度，学生要按照实训计划安排从事实训，请假、旷课要记录在案。缺课三分之一以上不能取得实训成绩，旷课一天以上，就可以认定缺乏职业道德，一票否决。

3. 实训教学场地

（1）房地产市场

主要用于开发项目的市场调研，房地产市场包括：住宅市场、写字楼市场、商铺市场等。

（2）开发企业

主要用于现场参观考察和业务实训，要充分利用学校的合作企业资源。

（3）房地产开发实训软件机房

主要用于房地产开发业务流程操作，包括：地块竞拍、产品定位与设计、投资分析、销售、经营分析与利润计算等。

（4）非固定场所

主要用于团队研讨和编写实训项目操作方案，非固定场所包括：教室、会议室、实训室等。

1.5 房地产开发综合实训教学进度计划与教学控制

1. 实训教学进度计划

房地产开发综合实训教学进度计划见表1-1。

房地产开发综合实训教学进度计划表　　　　　表 1-1

项目名称	完成需要时间	开始	结束	工序	项目验收和作业文件	实训场地
1. 房地产开发项目的经营环境分析与市场分析	1~3 天				（1）房地产开发项目的经营环境分析与市场分析报告	
（1）项目开发实训任务研讨与计划				1	题目1：项目地块背景与地理位置图 题目2：当地城市房地产开发环境 题目3：项目市场调研	房地产市场 开发企业 （非固定）
（2）房地产经营环境分析				2		
（3）房地产项目目标地块概况描述				3		
（4）房地产项目市场调研分析				4		
（5）房地产项目SWOT分析与市场预测				5		
2. 房地产开发地块的竞拍与土地使用权获取	1~2 天				（2）房地产开发地块的竞拍方案	
（1）土地使用权获取方式与土地拍卖程序调研				6	题目4：制定地块竞拍方案 题目5：实训软件土地竞拍拿地	房地产市场 开发企业 软件机房 （非固定）
（2）制定土地报价方案				7		
（3）计算机实训软件土地竞拍、拿地				8		
3. 房地产地块开发楼盘的市场定位与可行性分析	1~2 天				（3）房地产地块开发楼盘的市场定位与可行性分析方案	

项目名称	完成需要时间	开始	结束	工序	项目验收和作业文件	实训场地
（1）地块开发市场定位				9	题目6：地块开发市场定位方案 题目7：地块开发风险分析计算与控制手段 题目8：地块开发可行性分析 题目9：计算机实训软件录入开发项目的市场定位内容	房地产市场开发企业软件机房（非固定）
（2）地块开发风险的主要类型分析与控制手段				10		
（3）风险分析计算				11		
（4）地块开发可行性分析				12		
（5）计算机实训软件录入开发项目的市场定位内容				13		
4. 房地产地块开发投资分析与融资	1～2天				（4）**房地产地块开发投资分析与融资方案**	房地产市场开发企业软件机房（非固定）
（1）房地产地块开发投资分析				14	题目10：地块开发投资分析与融资方案 题目11：计算机软件录入投资分析与融资方案	
（2）房地产地块开发融资				15		
（3）计算机实训软件录入				16		
5. 房地产地块开发产品策划与规划设计	2～5天				（5）**房地产地块开发产品策划与规划设计方案**	房地产市场开发企业软件机房（非固定）
（1）产品组合策划：品种组合；产品套型简图；楼型组合				17	题目12：产品组合策划方案 题目13：项目规划设计与报建方案 题目14：项目规划技术经济指标 题目15：计算机软件录入产品组合、规划参数	
（2）项目规划设计：建筑规划；道路规划；绿化规划；基础设施规划				18		
（3）项目规划技术经济指标				19		
（4）房地产项目报建管理				20		
（5）计算机软件上录入产品组合、规划参数				21		
6. 房地产地块开发的建设管理	1天				（6）**房地产地块开发的建设管理方案**	房地产市场开发企业（非固定）
（1）项目建设招标流程与合同				22	题目16：项目建设管理方案 题目17：计算机软件录入项目建设管理方案	
（2）项目的建设实施与楼盘验收				23		
（3）计算机实训软件录入				24		
7. 房地产地块开发楼盘销售	1～2天				（7）**房地产地块开发楼盘销售方案**	

项目名称	完成需要时间	开始	结束	工序	项目验收和作业文件	实训场地
（1）制定楼盘产品价格与销售方案				25	题目18：楼盘产品价格与销售方案	房地产市场开发企业软件机房（非固定）
（2）计算机实训软件销售				26	题目19：计算机实训软件楼盘销售	
8. 房地产地块开发项目经营分析	1～2 天				（8）房地产地块开发项目经营分析报告	
（1）项目经营收入分析				27	题目20：项目经营分析报告 题目21：计算机实训软件经营结果分析	软件机房（非固定）
（2）项目经营成本分析				28		
（3）项目经营利润分析				29		
（4）计算机实训软件经营分析结论				30		
9. 房地产开发实训总结与经验分享	1 天				（9）实训总结与经验分享	
（1）实训总结				31	题目22：实训总结	教室
（2）实训交流分享				32	题目23：实训交流分享	
9⁺. 实训收尾结束					《房地产开发实训报告（作业文件）》 实训成绩，实训教学文件归档	教室

2. 实训教学控制

（1）实训指导

学生按班级分组（项目组）实训，每个班级 1～2 名指导教师。

（2）实训要求

① 每个学生完成实训手册《房地产开发实训报告（作业文件）》；②每个项目组团结协助，提供 1～2 篇房地产项目开发策划方案（电子稿），即电子稿《房地产开发实训报告（作业文件）》；③每个学生利用实训软件完成规定项目开发任务，取得项目经营利润，将项目经营利润排行榜作为评定实训成绩的重要依据。

（3）实训时间：2～4 周。

3. 实训控制指标

房地产开发综合实训控制指标内容见表 1-2。

房地产开发综合实训控制指标   表 1-2

实训学习任务（项）	控制指标（个）	实训作业文件（项）	学时
1. 房地产开发项目的经营环境分析与市场分析	（1）项目开发实训任务研讨与计划 （2）房地产经营环境分析 （3）项目地块概况描述 （4）房地产项目市场调研分析 （5）项目 SWOT 分析与市场预测	（1）房地产开发项目的经营环境分析与市场分析报告	4～12 （1～3 天）

实训学习任务 （项）	控制指标 （个）	实训作业文件 （项）	学时
2. 房地产开发地块的竞拍与土地使用权获取	（1）熟悉土地使用权获取方式与程序 （2）熟悉土地拍卖市场 （3）制定土地报价方案 （4）计算机实训软件土地竞拍、拿地	（2）房地产开发地块的竞拍方案	4～8 （1～2天）
3. 房地产地块开发楼盘的市场定位与可行性分析	（1）地块开发市场定位：客户定位、品质定位、价格定位 （2）地块开发风险的主要类型分析与控制手段 （3）风险分析计算 （4）地块开发可行性分析	（3）房地产地块开发楼盘的市场定位与可行性分析方案	4～8 （1～2天）
4. 房地产地块开发投资分析与融资	（1）房地产地块开发投资分析 （2）房地产地块开发融资	（4）房地产地块开发投资分析与融资方案	4～8 （1～2天）
5. 房地产地块开发产品策划与规划设计	（1）产品组合策划：品种组合；产品套型简图；楼型组合 （2）项目规划设计：建筑规划；道路规划；绿化规划；基础设施规划 （3）项目规划技术经济指标 （4）房地产项目规划设计审批"一书两证"制度 （5）计算机软件上录入产品组合、规划参数	（6）房地产地块开发产品策划与规划设计方案	8～20 （2～5天）
6. 房地产地块开发的建设管理	（1）项目建设招标 （2）项目的建设实施 （3）项目楼盘验收管理	（6）房地产地块开发的建设管理方案	4～8 （1～2天）
7. 房地产地块开发楼盘销售	（1）楼盘产品价格策略 （2）项目楼盘价格表 （3）计算机实训软件销售	（7）房地产地块开发楼盘销售方案	4～8 （1～2天）
8. 房地产地块开发项目经营分析	（1）项目经营收入分析 （2）项目经营成本分析 （3）项目经营利润分析 （4）计算机实训软件经营结果分析	（8）房地产地块开发经营分析报告	4～8 （1～2天）
9. 房地产开发实训总结与分享	（1）实训总结 （2）实训交流分享	（9）实训总结与经验分享	4 （1天）
合计			40～80 （10～20天）
实训结束	将9项作业文件组合成为《房地产开发实训报告（作业文件）》		

1.6 房地产开发综合实训教学文件

房地产开发综合实训教学文件是开展综合实训的指导性文件，是评价综合实训质量的重要依据。综合实训教学文件主要有"房地产开发综合实训课程教学标准"、"房地产开发综合实训教学任务书"、"房地产开发综合实训教师指导手册"和"房地产开发综合实训学生作业文件",由学校专职教师会同企业兼职教师联合编写。参与综合实训的教师和学生分别携带各自对应的文件,随时记录,供考核和备查之用。

1. 房地产开发综合实训课程教学标准

"房地产开发综合实训课程教学标准"是规定房地产开发综合实训的课程性质、课程目标、内容目标、实施建议的教学指导性文件。房地产开发综合实训课程教学标准内容目录见图1-3。

目　录

1.前言
　　1.1本课程在相关专业中的定位
　　1.2本课程的基本教学理念
2.课程目标
　　2.1课程总目标
　　2.2具体目标(课程预设能力目标的阐述)
　　　(一)专业能力目标
　　　(二)方法能力目标
　　　(三)社会能力目标
3.内容描述
　　3.1项目选题范围
　　3.2项目内容要求
4.实施要求
　　4.1教学实施要领与规范
　　4.2教学方式与考核方法
　　　(一)教学方式
　　　(二)考核方法
　　4.3教学文件与使用
5.其他说明

图1-3　房地产开发综合实训课程
教学标准内容目录

(1)前言

① 本课程在相关专业中的定位。见"1.1房地产开发综合实训课程的专业定位与教学理念"。

② 本课程的基本教学理念。见"1.1房地产开发综合实训课程的专业定位与教学理念"。

(2)课程目标

① 课程总目标。见"1.2房地产开发综合实训目标"。

② 具体目标。见"1.2房地产开发综合实训目标"。

(3)项目内容描述

① 项目选题范围。见"1.3房地产开发综合实训内容及流程"。

② 项目内容要求。见"1.3房地产开发综合实训内容及流程"。

(4)实施要求

① 教学实施要领与规范。见"1.8房地产开发综合实训过程管理规则"。

② 教学方式与考核方法。见"1.4房地产开发综合实训教学方式与组织"和"1.8房地产开发综合实训过程管理规则"。

③ 教学文件与使用。任务书和各自对应的手册,随时记录各种作业文件,供考核和备查之用。

(5)其他说明

① 项目教学组织。见"1.4房地产开发综合实训教学方式与组织"。

② 对教师的要求。见"1.8房地产开发综合实训过程管理规则"。

2. 房地产开发综合实训教学任务书

房地产开发综合实训课程教学任务书是规范教学管理、保证教学质量、确保教学任务顺利落实和完成的教学指导性文件。实训教学任务书内容如下:

(1)综合实训项目任务

① 培养学生的房地产开发业务处理能力和职业素养以及综合职业能力。

② 提高教师房地产开发业务实践经验和项目开发策划科研能力。从事房地产实训的教师大都缺乏在房地产企业工作的实践经验。由于"58号地块"项目反映了建筑专业和房地产职业技术领域最新的科技水准，项目开发中应用了新知识、新技术和新工艺，所以，用该项目进行综合实训可以大大提高实训教师实践经验和开发策划科研能力。

③ 提高房地产教学团队服务社会的水平。"58号地块"项目的开发策划具有典型的工作任务和完整的策划过程，所以，用该项目的开发策划可以为房地产企业培训开发人员。同时，教学团队服务社会水平提高到一定的程度后，可以在房地产行业承接开发策划项目或横向课题。

（2）实训控制要求、控制指标和任务细则

① 实训控制要求。实训方法：见"1.4房地产开发综合实训教学方式与组织"；实训指导，1～2名教师；实训要求，每个组团结协助，提供1～2篇开发项目实训报告；实训时间，2～4周。

② 房地产开发业务实训控制指标。见"1.5房地产开发综合实训教学进度计划与教学控制"。

③ 房地产开发业务操作实训任务细则

任务1：房地产开发项目的经营环境分析与市场分析。见"第2章 实训1房地产开发项目的经营环境分析与市场分析"中"5.作业任务及作业规范"。

任务2：房地产开发地块的竞拍与土地使用权获取。见"第2章 实训2房地产开发地块的竞拍与土地使用权获取"中"5.作业任务及作业规范"。

任务3：房地产地块开发楼盘的市场定位与可行性分析。见"第2章 实训3房地产地块开发楼盘的市场定位与可行性分析"中"5.作业任务及作业规范"。

任务4：房地产地块开发投资分析与融资。见"第2章 实训4房地产地块开发投资分析与融资"中"5.作业任务及作业规范"。

任务5：房地产地块开发产品策划与规划设计。见"第2章 实训5房地产地块开发产品策划与规划设计"中"5.作业任务及作业规范"。

任务6：房地产地块开发的建设管理。见"第2章 实训6房地产地块开发的建设管理"中"5.作业任务及作业规范"。

任务7：房地产地块开发楼盘销售。见"第2章 实训7房地产地块开发楼盘销售"中"5.作业任务及作业规范"。

任务8：房地产地块开发项目经营分析。见"第2章 实训8房地产地块开发项目经营分析"中"5.作业任务及作业规范"。

任务9：房地产开发实训总结与经验分享。见"第2章 实训9房地产开发实训总结与经验分享"中"5.作业任务及作业规范"。

（3）实训任务验收标准

见"1.8房地产开发综合实训过程管理规则"。

（4）实训参考资料

① 教材。包括《房地产开发与经营实务》、《房地产开发综合实训》等教材。

② 专业期刊。包括《建筑经济》、《上海房地》等房地产专业期刊。

③ 房地产类网站。房地产家居门户网站—365地产家居网：http：//www.house365.com/、中国房地产门户网站——搜房地产网：http：//www.soufun.com/等房地产类网站。

④ 行业、企业资料。通过到房地产行业学会、协会、房地产开发企业及楼盘现场收集整理。

3. 房地产开发综合实训教师指导手册

房地产开发综合实训教师指导手册是规定实训过程中教师应当遵守的教学指导性文件。实训教师指导手册内容如下：

（1）综合实训项目名称

房地产开发业务综合实训。

（2）项目教学能力目标

见"1.2 房地产开发综合实训目标"。

（3）指导教师职责

见"1.8 房地产开发综合实训过程管理规则"。

（4）综合实训工作要求

① 实训组织安排。见"1.4 房地产开发综合实训教学方式与组织"。

② 现场5S管理。见"1.8 房地产开发综合实训过程管理规则"。

（5）学生成绩评定

① 房地产开发综合实训考核标准。见"1.8 房地产开发综合实训过程管理规则"中，表1-6。

② 房地产开发综合实训评分细则。见"1.8 房地产开发综合实训过程管理规则"中，表1-7。

（6）综合实训项目计划安排

见"1.5 房地产开发综合实训教学进度计划与教学控制"中的表1-1、表1-2。

（7）综合实训项目指导细则

任务1：房地产开发项目的经营环境分析与市场分析。见"第2章 实训1 房地产开发项目的经营环境分析与市场分析"中"5. 作业任务及作业规范"。

任务2：房地产开发地块的竞拍与土地使用权获取。见"第2章 实训2 房地产开发地块的竞拍与土地使用权获取"中"5. 作业任务及作业规范"。

任务3：房地产地块开发楼盘的市场定位与可行性分析。见"第2章 实训3 房地产地块开发楼盘的市场定位与可行性分析"中"5. 作业任务及作业规范"。

任务4：房地产地块开发投资分析与融资。见"第2章 实训4 房地产地块开发投资分析与融资"中"5. 作业任务及作业规范"。

任务5：房地产地块开发产品策划与规划设计。见"第2章 实训5 房地产地块开发产品策划与规划设计"中"5. 作业任务及作业规范"。

任务6：房地产地块开发的建设管理。见"第2章 实训6 房地产地块开发的建设管理"中"5. 作业任务及作业规范"。

任务7：房地产地块开发楼盘销售。见"第2章 实训7 房地产地块开发楼盘销售"中"5. 作业任务及作业规范"。

任务 8：房地产地块开发项目经营分析。见"第 2 章 实训 8 房地产地块开发项目经营分析"中"5. 作业任务及作业规范"。

任务 9：房地产开发实训总结与经验分享。见"第 2 章 实训 9 房地产开发实训总结与经验分享"中"5. 作业任务及作业规范"。

（8）学生工作过程应完成的记录表

见"第 2 章"中综合实训项目学习活动任务单 001～009 操作记录表，即题目 1～题目 30 记录表。

（9）项目实训验收标准

见"1.8 房地产开发综合实训过程管理规则"。

（10）教师项目教学各阶段填写的作业文件与记录

① 分组点名册。见"1.8 房地产开发综合实训过程管理规则"中表 1-3。

② 综合实训项目计划进度表。见"1.5 房地产开发综合实训教学进度计划与教学控制"中，表 1-1。

③ 综合实训项目考核标准。见"1.8 房地产开发综合实训过程管理规则"中表 1-5。

④ 综合实训项目验收表。见"1.8 房地产开发综合实训过程管理规则"中表 1-6。

（11）实训项目指导范本

实训项目指导，见"第 2 章 房地产开发综合实训操作"。实训项目指导范本及教学参考文献此处不作详细介绍。

4. 房地产开发综合实训学生作业文件

房地产开发综合实训学生作业文件是规定实训过程中学生应当执行的学习指导性文件。学生实训作业文件内容如下：

（1）项目任务名称

"房地产 58 号地块项目"开发综合实训。

（2）综合实训目的

见"1.2 房地产开发综合实训目标"。

（3）对学生学习的要求

每个学生应通过房地产开发真实项目综合实训的学习，培养自己系统、完整、具体地完成一个房地产开发项目所需的工作能力（核心能力和关键能力），通过信息收集处理、方案比较决策、制定行动计划、实施计划任务和自我检查评价的能力训练，以及团队工作的协作配合，锻炼职场应有的团队工作能力。具体要求如下：

① 充分了解本指导手册规定拟填写的项目各阶段的作业文件与作业记录。

② 充分了解自己的学习能力，针对拟完项目的操作要求，查阅资料，了解相关产品情况，主动参与团队各阶段的讨论，表达自己的观点和见解。

③ 在学习过程中，认真负责，在关键问题与环节上下功夫，充分发挥自己的主动性、创造性来解决技术上与工作中的问题，并培养自己在整个工作过程中的团队协作意识。

④ 认真按规范要求填写与撰写开发业务操作实训各阶段相关作业文件与工作记录，并学会根据学习与工作过程的作业文件和记录及时反省与总结。

⑤ 做好项目交流与答辩，顺利通过验收，完成全部开发业务操作实训任务。

（4）对学生工作的要求

① 团队工作遵循规范。见"1.8 房地产开发综合实训过程管理规则"。

② 现场 5S 管理要求。见"1.8 房地产开发综合实训过程管理规则"。

（5）学生成绩评定标准

见"1.8 房地产开发综合实训过程管理规则"中表 1-5。

（6）综合实训项目计划进度安排

见"1.5 房地产开发综合实训教学进度计划与教学控制"中，表 1-1。

（7）项目产品验收标准

见"第 2 章 实训 9+ 房地产开发实训收尾结束工作"。

（8）学生工作过程作业文件与记录表

见"第 2 章"中综合实训项目学习活动任务单 001～任务单 009 操作记录表，即题目 1～题目 26 记录表。

（9）实训项目学习范本——相关知识要点与范本。

相关知识要点，见"第 2 章 房地产开发综合实训操作"。实训项目学习范本及教学参考文献此处不作详细介绍。

1.7 房地产开发综合实训软件功能简介

房地产开发综合实训软件，见图 1-4，按照职业教育"学做合一"设计，实现"教、学、做、赛"四位一体。

图 1-4 房地产业务实训和竞赛系统软件

1. 房地产开发业务技能操作训练

（1）房地产开发业务操作流程（图 1-5）

（2）业务流程操作要点

① 组建开发公司。一般情况下，学生主要采用房地产开发公司的组织形式开展业务技能操作训练，即分组实训，每个公司由 5～10 人组成，角色有总经理、市场经理、产品

经理、财务经理、建设经理等，同学之间相互配合，共同完成业务操作训练。特殊情况下1人也可以单独操作，独立完成开发业务各个角色的工作，真实地体会房地产项目开发业务运作过程及工作职责。

② 地块拍卖公告。可由学生从外网上寻找当地土地管理部门发布的土地公开拍卖信息，也可由教师根据当地土地管理部门发布的土地公开拍卖信息，统一通过计算机自动发布。

③ 地块竞拍。按当地类似地块楼面地价取值；或内部模拟土地拍卖市场，价高者得。

④ 地块市场分析与预测、市场细分、目标市场选择、地块开发楼盘市场定位、地块开发风险分析、地块开发投资、融资、产品策划、规划设计等环节可按计算机提供的规范操作。

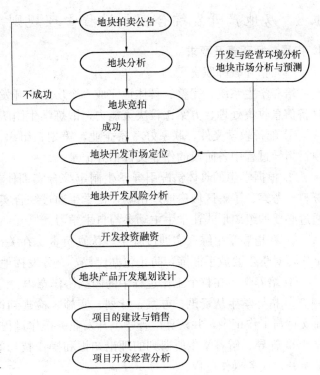

图 1-5 房地产开发业务操作流程

⑤ 项目销售。按当地类似楼盘市场均价取值；或按内部模拟市场定价。

⑥ 项目经营分析。按当地的成本均价计算。

⑦ 项目开发经营业绩：项目总收入；投资回报率。

⑧ 实训得分。总评价得分，由教师给出；开发经营业绩得分，计算机自动给出，生成成绩排行榜。

⑨ 实训结束，计算机输出学生实训内容（主要包括地块项目开发经营利润等）。

2. 房地产开发业务技能竞赛

见"3.5 房地产开发综合实训软件竞赛功能简介"。

3. 教师实训过程管理

教师管理包括对学生、业务训练、业务竞赛等进行管理。

（1）学生登录账号管理。

（2）学生分组、公司管理。

（3）地块管理。

（4）地块竞拍管理。

（5）成绩统计。

（6）排行榜

利用趣味性、游戏性，动态给出实训成绩与竞赛成绩排行榜，彻底解决"教师不好教、学生不爱学"的难题。

1.8　房地产开发综合实训过程管理规则

1. 指导教师职责及要求

（1）指导教师职责

培养学生系统、完整、具体地完成一个房地产开发项目所需的综合职业能力，使学生具备信息收集处理、方案比较决策能力，锻炼学生团队工作能力。具体要求如下：

① 准备教学文件，联系好考察企业，策划、组织、协调好整个实训过程，填写实训项目指导过程中各阶段的作业文件指导记录。

② 根据学生的具体情况引导学生制定综合实训任务实施方案与计划，指导学生查阅资料，考察、了解区域房地产市场，使学生通过综合实训完成项目开发操作整个过程，并通过必要的组织形式让学生主动参与自主学习。

③ 在指导学生综合实训过程中，认真负责，在关键问题与环节上把好关，做好引导工作，对学生要放手锻炼，防止包办代替，充分发挥他们的主动性、创造性。

④ 培养学生在整个工作过程中的团队协作意识。

⑤ 指导学生从资讯、方案、计划、实施、检查到评估各阶段按规范要求完成相关作业文件与工作记录，并认真检查学生开发业务操作过程的作业文件和记录。

⑥ 辅导、解答学生所遇到的理论知识和操作技巧等方面的问题，引导学生自主完成整个开发业务操作过程。

⑦ 及时组织学生研讨业务项目、评选最佳实训方案作品和优秀团队，激励学生。

⑧ 及时了解学生的思想作风、工作表现和职场工作氛围等方面的情况。

⑨ 引导学生组织做好业务项目交流、答辩工作。

（2）对教师的要求

对实训指导教师的工作情况由参与实训的全体学生和教学团队教师共同评价，从以下几方面评价实训指导教师履行职责情况：

① 指导过程认真负责，在关键问题上把好关、作好引导工作，耐心解答学生所遇到的问题；

② 注意培养学生的综合职业能力，充分发挥他们的主动性、创造性；

③ 培养学生在整个工作过程中团队协作和敬业爱岗精神；

④ 以身作则，模范地遵守校纪校规，具有良好的职业道德，为人师表；

⑤ 对综合实训项目的实施控制能力强，在本专业领域有较深的造诣，在学生中有较高的威信；

⑥ 对学生的评价公开、公平、合理。

2. 对学生工作的要求

（1）团队工作遵循规范

① 采用房地产开发公司的团队形式开展实训工作，每天任务的分配均由经理组织进行，组员必须服从经理安排。

② 关心公司整体工作的进展，及时配合组内其他成员的工作，做到全组工作协作有序。

③ 注意按项目开发业务环节和任务要求进行，及时完成作业文件。

④ 注意工作过程的充分交流，开展组内、组与组之间的实训研讨，完善提高。

（2）现场 5S 管理

① 每个小组安排轮值担任安全员，负责每天实训室的检查和关闭电源，以及工作场所中的安全问题。

② 每天学生离开工作场所必须打扫环境卫生，地面、桌面、抽屉里都要打扫干净并保持整洁。

③ 设考勤员每天负责考勤，并报告考勤情况，在告知清楚的前提下无故迟到 3 次实训成绩最高只能给及格；旷课 1 次，实训无成绩。学生实训考勤表，见表 1-3。

④ 工作时间不得吃东西，喝水必须到指定区域。

⑤ 按照企业工作现场要求规范学生的言行，注重安全、节能、环保和环境整洁，工具、附件、计算机设备摆放规范。

⑥ 明确告知学生在实训场所的纪律，包括工作态度、交流方式、工作程序、作业要求与作业记录要求等。

学生实训考勤表 　　　　　　　　　　　　　　　表 1-3

班级：　　　　　指导教师：

实训名称		房地产项目开发综合实训											
组别	成员	日	日	日	日	日	日	日	日	日	日	日	日
		1	2	3	4	5	6	7	8	9	10	11	12

实训名称		房地产项目开发综合实训											
组别	成员	日 1	日 2	日 3	日 4	日 5	日 6	日 7	日 8	日 9	日 10	日 11	日 12

3. 教学实施要领与规范

教学实施要领与规范见表 1-4，表中内容是房地产开发综合实训的整体实施要领与规范，由各项目团队根据综合实训项目的具体内容及实施规范要求进行有针对性的简化编写。房地产开发综合实训项目时间可根据实训具体安排进行适当调整，实训内容也可根据具体项目不同而进行增减。具体实训实施过程中的要领与规范，详见"第 2 章 房地产开发综合实训操作"中"实训 1-9"每个活动中的"作业任务及作业规范"。

房地产开发实训教学实施要领与规范　　　　表 1-4

项目实施要领及规范	教学组织实施要领及规范	作业文件、考核办法与时间安排
教师针对企业或本专业职业技术领域中典型的核心能力、专业能力和社会能力要求，提炼出以一个典型的房地产项目开发活动为任务的实训项目，项目的实施必须能使学生获得一个完整开发活动的过程训练	学生以开发项目为单位，每 5 人左右组成一个项目公司（组）。项目组设组长，组长负责项目组织与协调工作。项目组通过自主讨论对实训任务进行分析，保证分工基础上的合作，并形成项目工作总体计划安排表（表 1-1）。 教师下达实训任务后，提供每位学生一份实训指导手册。对项目工作任务进行必要的讲解，提出学习要求，告知各环节应达到的作业标准与考核方式，指导项目组工作计划安排，引导项目组分解任务落实每位学生的具体工作内容	**作业文件** 项目组分工安排及工作总体计划安排表（表 1-1）。 **考核办法** 教师通过参与项目组讨论，了解每位学生的工作态度与能力水平状况。 **时间安排** 实训正式开始第一天
本阶段针对实训项目，对拟完成的房地产开发活动进行： 1. 房地产开发市场调查； 2. 资料收集； 3. 撰写房地产开发项目的经营环境分析与市场分析报告	学生在教师指导下，自主通过各种方式进行信息收集、整理、加工与处理，并按本阶段的工作计划进程安排表，每个成员熟悉房地产项目开发的全部内容、程序及要求，并通过讨论设计房地产开发项目的经营环境分析与市场分析实施方案	**作业文件** 房地产开发项目的经营环境分析与市场分析报告。 **考核办法** 1. 小组学生互评； 2. 教师根据讨论会及提交的方案报告进行评分。 **时间安排** 实训第 1 周

项目实施要领及规范	教学组织实施要领及规范	作业文件、考核办法与时间安排
本阶段在房地产经营环境分析与市场分析的基础上，开展房地产开发活动： 1. 房地产开发地块的竞拍与土地使用权获取； 2. 房地产地块开发楼盘的市场定位与可行性分析	学生在教师引导下，通过房地产开发理论知识，结合市场调查和企业考察的结果进行，并对结果进行信息录入，形成开发地块信息，为下一步的开发业务打下基础。 教师针对地块竞拍、地块开发楼盘的市场定位所需要的方法，通过对典型案例的讲解，结合收集到的相关资料，引导学生自己选择适合自己的方法，进行地块竞拍、地块开发楼盘市场定位，并完成信息录入方案	**作业文件** 1. 房地产开发地块的竞拍与土地使用权获取方案； 2. 房地产地块开发楼盘的市场定位与可行性分析报告。 **考核办法** 1. 小组学生互评分； 2. 教师根据讨论会及每位学生提供的技术资料及发言给出本阶段每位学生的评分。 **时间安排** 实训第1~2周
本阶段针对上述地块竞拍、地块开发楼盘市场定位的结果，进行房地产开发方案的编写，完成： 1. 房地产地块开发投资分析与融资； 2. 房地产地块开发产品策划与规划设计； 3. 房地产地块开发的建设管理； 4. 房地产地块开发楼盘销售； 5. 房地产地块开发项目经营分析	学生在教师引导下完成地块开发投资分析与融资、地块开发产品策划与规划设计、地块开发的建设管理、地块开发楼盘销售、地块开发经营分析等业务方案。 教师讲解相关项目的典型案例，提出方案撰写的要求，小组成员讨论方案的撰写内容与要求，并进行相应的分工，安排好进度，在规定的时间内完成实训项目的报告或策划方案，并为下一步实训总结和成果展示进行材料准备	**作业文件** 1. 房地产地块开发投资分析与融资方案； 2. 房地产地块开发产品策划与规划设计方案； 3. 房地产地块开发的建设管理方案； 4. 房地产地块开发楼盘销售方案； 5. 房地产地块开发经营分析报告。 **考核办法** 1. 小组学生互评分； 2. 教师根据实训方案进行评分。 **时间安排** 实训第2~3周
本阶段围绕已完成的项目进行答辩及工作总结，分析实训项目完成的得失与进一步改进的设想，项目技术资料建档形成标准归档文件： 1. 实训项目的总结报告； 2. 实训成果展示的资料准备、制作PPT； 3. 以班级为单位进行成果交流与展示	学生在组长的带领下，完成实训项目的总结报告、并对实训总报告进行讨论、修改与定稿，准备成果展示需要的PPT资料，并进行答辩准备。 教师通过对典型案例的讲解，引导学生讨论并修改实训报告，并进行小组讨论答辩，了解每位学生的工作态度、能力与任务完成情况，考察每位学生掌握实训应培养的能力和知识的掌握程度，最终给出学生的结果性考核评分，结合各阶段过程性评分评定每个学生项目实训成绩	**作业文件** 1. 房地产开发实训总结； 2. 交流分享成果PPT； 3. 完善的实训项目报告（作业文件）。 **考核办法** 1. 教师根据成果交流情况进行评价； 2. 实训成绩总评价。 **时间安排** 实训最后1周内

4. 实训考核方法与实训成绩评定

学生参加综合实训项目学习的成绩由形成性考核与终结性考核两部分相结合给出。

（1）形成性考核

由实训指导教师对每一位学生每一阶段的实训情况进行过程考核。每一阶段根据学生上交的作业文件和业绩记录，依据项目本阶段验收考核要求，参照学生参与工作的热情、工作的态度、与人沟通、独立思考、讨论时的表现、综合分析问题和解决问题的能力、出勤率等方面情况综合评价学生每一阶段的学习成绩。

（2）终结性考核

实训结束时，实训指导教师考查学生的实训项目学习最终完成的结果，根据作业文件提交的齐全与规范程度、完成的相关项目报告或方案是否完善、可行，项目答辩思路、语言表达以及操作业绩等给出终结性考核成绩。

（3）综合评定成绩

根据形成性考核与终结性考核两方面成绩，按规定的要求给出学生本项目实训综合评定成绩。形成性考核（过程考核）占70%，终结性考核（结果考核）占30%。

（4）否定项

旷课一天以上、违反教学纪律三次以上且无改正、发生重大责任事故、严重违反校纪校规、不按作业文件要求完成项目报告或方案及其他作业文件。

（5）学生本综合实训项目课程成绩评定标准、打分细则与验收表（表1-5、表1-6）。

房地产开发业务综合实训考核标准　　　　　　　　　　　　　　　　表1-5

实训项目	项目内容	项目成绩评定标准				
		90～100	80～89	70～79	60～69	0～50
房地产＊＊项目开发业务实训	分组讨论	无迟到、旷课	无迟到、旷课	没有旷课记录	没有旷课记录	旷课1天以上
		口头交流叙述流畅，观点清楚表达简单明白	能比较流畅表达自己的观点	基本表达自己观点	只能表达部分观点	言语含糊不清，思维混乱
		独立学习、检索资料能力强，有详细记录	检索资料能力比较强	基本合理运用资料	运用资料较差	基本不会检索资料
		承担小组的组织工作	积极参与讨论，有建设性意见	积极参与讨论，有自己的意见	参与讨论	不参与讨论
	（任务单001）房地产开发项目的经营环境分析与市场分析	房地产开发项目的经营环境分析与市场分析方案正确、表达清晰	房地产开发项目的经营环境分析与市场分析方案正确、表达基本清晰	房地产开发项目的经营环境分析与市场分析方案基本正确、表达基本清晰	房地产开发项目的经营环境分析与市场分析方案基本正确、表达不清晰	房地产开发项目的经营环境分析与市场分析方案不正确
	（任务单002）房地产开发地块的竞拍与土地使用权获取	房地产开发地块的竞拍方案合理、报价科学	房地产开发地块的竞拍方案基本合理、报价偏低	房地产开发地块的竞拍方案基本合理、报价较高	房地产开发地块的竞拍方案基本合理、报价过高	房地产开发地块的竞拍方案不合理、报价超过承受能力

实训项目	项目内容	项目成绩评定标准				
		90~100	80~89	70~79	60~69	0~50
房地产 ** 项目开发业务实训	(任务单003) 房地产地块开发楼盘的市场定位与可行性分析	市场定位正确, 可行性分析书面表达清晰	市场定位正确, 可行性分析书面表达基本清晰	市场定位基本正确, 可行性分析书面表达基本清晰	市场定位基本合理, 可行性分析书面表达不清晰	不能正确定位与表达
	(任务单004) 房地产地块开发投资分析与融资	项目投资分析与融资方案正确、表达清晰	项目投资分析与融资方案正确、表达基本清晰	项目投资分析与融资方案基本正确、表达基本清晰	项目投资分析与融资方案基本正确、表达不清晰	项目投资分析与融资方案不正确
	(任务单005) 房地产地块开发产品策划与规划设计	房地产地块开发产品策划与规划设计方案正确、表达清晰、套型简图合理	房地产地块开发产品策划与规划设计方案正确、表达基本清晰、套型简图合理	房地产地块开发产品策划与规划设计方案正确、表达基本清晰、套型简图基本合理	房地产地块开发产品策划与规划设计方案正确、表达不清晰、套型简图基本合理	房地产地块开发产品策划与规划设计方案不正确、套型简图不合理
	(任务单006) 地块项目开发建设管理	项目开发建设管理方案正确、表达清晰	项目开发建设管理方案正确、表达基本清晰	项目开发建设管理方案基本正确、表达基本清晰	项目开发建设管理方案基本正确、表达不清晰	项目开发建设管理方案不正确
	(任务单007) 房地产地块开发楼盘销售	房地产地块开发楼盘销售方案正确、表达清晰	房地产地块开发楼盘销售方案正确、表达清晰	房地产地块开发楼盘销售方案正确、表达基本清晰	房地产地块开发楼盘销售方案基本正确、表达基本清晰	房地产地块开发楼盘销售方案不正确
	(任务单008) 地块开发项目经营分析	地块开发项目经营分析结论正确合理	地块开发项目经营分析结论基本正确	地块开发项目经营分析基本合理	地块开发项目经营分析结论不太合理	地块开发项目经营分析结论不正确
	(任务单009) 房地产开发实训总结与经验分享方案	房地产开发实训总结与经验分享内容丰富、表达清晰	房地产开发实训总结与经验分享内容丰富、表达基本清晰	房地产开发实训总结与经验分享内容一般、表达基本清晰	房地产开发实训总结与经验分享内容一般、表达不清晰	房地产开发实训总结与经验分享内容空洞无物、表达不清晰

备注：①在每项任务中都有简短讨论环节；②在每项任务中旷课1天以上，成绩0~59分

综合实训验收表   表 1-6

班级：   组别：   姓名：   指导教师：

实训名称：房地产项目开发业务综合实训

任务单号	应交作业文件	验收评价档次			
		优秀	良	合格	不合格
001	房地产开发项目的经营环境分析与市场分析报告				
002	房地产开发地块的竞拍方案				
003	房地产地块开发楼盘的市场定位与可行性分析方案				
004	房地产地块开发投资分析与融资方案				
005	房地产地块开发产品策划与规划设计方案				
006	房地产地块开发的建设管理方案				
007	房地产地块开发楼盘销售方案				
008	房地产地块开发项目经营分析报告				
009	房地产开发实训总结与经验分享 PPT				
项目操作方案	《房地产开发实训报告（作业文件）》				
验收综合评价档次					
验收评语					

验收教师（签名）：

年   月   日

第 2 章 房地产开发综合实训操作

本章从房地产开发项目的经营环境分析与市场分析、房地产开发地块的竞拍与土地使用权获取、房地产地块开发楼盘的市场定位与可行性分析、房地产地块开发投资分析与融资、房地产地块开发产品策划与规划设计、房地产地块开发的建设管理、房地产地块开发楼盘销售、房地产地块开发项目经营分析、房地产开发实训总结与经验分享等 9 个实训介绍房地产开发综合实训的操作内容。

实训 1 房地产开发项目的经营环境分析与市场分析

1. 实训技能要求

（1）能够理解房地产开发类职业标准内容；
（2）能够理解工匠精神在房地产开发业务的体现；
（3）分解落实房地产开发项目实训任务；
（4）能够进行房地产经营环境分析；
（5）能够进行房地产项目地块概况描述；
（6）能够进行房地产项目市场调研分析；
（7）能够进行房地产项目 SWOT 分析与市场预测。

2. 实训步骤

（1）项目开发实训任务研讨与计划；
（2）房地产经营环境分析；
（3）房地产项目地块概况描述；
（4）房地产项目市场调研分析；
（5）计算机实训软件录入开发项目的经营环境分析与市场分析内容。

3. 实训知识链接与相关案例

（1）房地产业与房地产开发企业

① 房地产业。是指进行房地产投资、开发、经营、管理、服务的行业，属于第三产业，是具有基础性、先导性、带动性和风险性的产业。房地产业可分为房地产投资开发业和房地产服务业。

② 房地产开发企业。是指从事房地产开发经营业务，具有企业法人资格，且具有一定资质条件的经济实体。

③ 房地产开发企业资质。我国房地产开发主管机构对房地产开发企业实行资质管理制度。房地产开发企业资质分为一、二、三、四级资质和暂定资质。

（2）房地产开发与房地产开发项目

① 房地产开发。是指由具有开发资质的房地产开发企业，对房地产项目进行投资、建设和管理，使之改变用途或使用性质，从而获得经济利益的过程。

② 房地产开发的整个流程。一个房地产项目开发的整个流程大体上包括 10 个环节，各环节并不是完全的顺序作业，有些环节是平行作业，工作同时进行，见图 2-1。

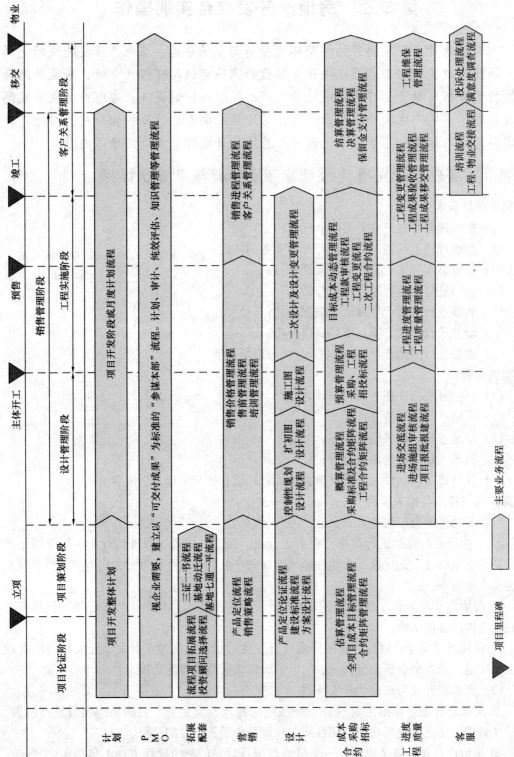

图 2-1　房地产开发流程

28

③ 房地产开发项目。是指在依法取得土地使用权的国有土地上进行基础设施、房屋建设的项目。房地产开发项目是一项高投入、高风险的投资经营项目，也是一项涉及面较广的经济项目。房地产开发项目必须严格执行城市规划，按照经济效益、社会效益、环境效益相统一的原则，实行全面规划、合理布局、综合开发、配套建设。房地产开发项目的设计、施工，必须符合国家的有关标准和规范，竣工经验收合格后方可交付使用。

（3）房地产经营

① 房地产经营。是指房地产经营者对房屋的建造、买卖、租赁、信托、交换、维修、装饰以及土地使用权的出让、转让等按价值规律所进行的有预测、有组织、有目的的经济活动。房地产经营可以分为两个大方面：房产经营和地产经营。

② 房地产综合开发经营。是指以成片集中开发为基础的经营活动，是规模最大、综合程度最高的房地产经营，是房屋建筑经营和城市土地经营的统一，也叫大盘开发，开发的土地面积在千亩以上。国内一些实力雄厚的房地产经营企业，往往就采用这种方式经营房地产。这种经营方式，在资金充裕、企业管理水平先进的条件下，无论是对房地产经营企业还是对城市人民政府，都是综合效益最高的一种经营方式。

（4）房地产经营环境分析

① 房地产经营环境。又称为任务环境，主要是指影响房地产企业获取必要资源或确保经营活动顺利开展的因素。房地产开发与经营环境分析是指对影响房地产企业开发与经营活动的政治、经济、法律、技术、文化等各因素的分析。

② 房地产经营环境分析。房地产经营环境复杂，涉及方方面面，一般可以从经济发展环境、政治环境、法律环境、社会环境、科学技术环境及自然环境等6个方面来分析。

案例 2-1　金域蓝湾项目开发与经营环境分析

金域蓝湾项目地块编号：南京市 No.2007G33。用地总面积为 272298.4m² （约 408 亩），实际出让面积为 272298.4m²；规划用地性质为二类居住用地；土地坐落在南京市江宁开发区内环路以北、牛首山河以南。2007 年 7 月 26 日，上海××公司以 17.8500 亿元的价格拿得此地块。

1. 经济发展环境。从国际经济发展形势上看，世界经济复苏缓慢，处于低速增长走势，而我国经济发展形势整体良好，南京经济形势处于全国领先地位，市场需求旺盛。从市民的收入看，当前我国市民收入增长较快，但贫富差异程度大。从资金市场发展形势看，我国存在一定的通货膨胀压力，因此利率有调高趋势、贷款条件趋于收紧状态。

2. 政治环境。从政府土地供应的数量和开发条件上看，土地供应数量不多，特别是一些城市的刚需住宅用地短缺，导致供不应求，房价持续上涨。从政府对经济适用房的态度上看，我国实行经济适用房开发制度，不断加大推行保障房力度。从政府收取税费的水平上看，中央经济工作会议明确提出"促进房价合理回归"，并提出要坚持房地产调控政策不动摇，加快普通商品住房建设，扩大有效供给，促进房地产市场健康发展，政府对投资、投机购房者收取税费的幅度不断加大。

3. 法律环境。我国出台了《中华人民共和国城市房地产管理法》和《中华人民共和国土地管理法》及其配套的法律法规，但面对新形势，需要不断修改完善。

4. 社会环境。从人口数量上看，南京人口数量上升，住房需求量大。从人口构成上看，男女比例不协调，男性收入多，女性收入少，25～44 岁人群是房地产市场需求的主力军。从家庭规模上看，有变小的趋势，有利于房地产市场的发展；从人口受教育水平上看，南京受教育水平高，对房地产有积极影响；从城市历史传统上看，南京是十朝古都，文化积淀深厚。从社区安全文明程度上看，南京治安环境好文明程度高。

5. 自然环境。南京不属于地震带，也不属于软土地基，降水充足，地表水充足，有利于房地产的开发。

通过以上的分析可以看出，目前南京全域蓝湾项目的房地产开发与经营环境较好。

（5）房地产项目地块概况描述

地块概况描述就是对拟选择开发的房地产目标项目地块进行整体了解与把握，熟悉该项目地块的背景，并能描绘该项目地块的地理位置图。

（6）房地产项目市场调研分析

① 房地产市场是指房地产交易活动的总和，是房地产交易双方相互联系、相互制约的一种关系。房地产市场不仅包括直接的房地产交易，即土地使用权和房屋的交易，还包括相关的信息、资金、技术、劳务等服务的相关的房地产交易。

② 房地产市场调研。只有了解房地产市场的特点和走势，才能够正确发现市场机会。房地产市场调研就是针对房地产项目市场设计收集信息的方法，管理和实施信息收集过程，分析信息，从中识别和确定项目市场营销机会及问题。

③ 房地产市场分析。房地产市场分析的流程见图 2-2。首先，确定市场分析的目的和目标；其次，设计市场分析方案；第三，有效实施方案；最后，撰写并提交一份市场分析报告。

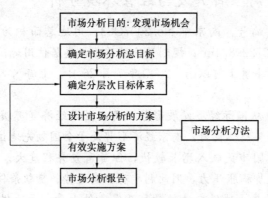

图 2-2　房地产市场分析流程

（7）房地产市场的预测

主要包括三个方面：房地产市场需求预测、房地产供给预测、房地产价格预测。根据实践经验，房地产市场预测的核心是需求预测。这是因为，市场需求的数量和结构是最终决定市场发展状况的因素，房地产市场的供给实际上是围绕着未来的房地产需求而决定。而且，房地产市场的供给难以预测。供给难预测是因为房地产市场的供给受政府相关政策的巨大影响，在我国社会主义市场经济不完善、不规范的时候，存在着诸多的人为因素和不确定因素，难以找到有效的预测方法。

4. 实训要领与相关经验

房地产开发项目的经营环境分析与市场分析实训用时 1～2 天。教师要指导学生填写实训进度计划表 1-1、考勤表 1-3 以及作业文件"综合实训项目学习活动任务单 001：房地产开发项目的经营环境分析与市场分析操作记录表（表 2-5～表 2-7）"。

（1）房地产经营环境分析要领

房地产经营环境可以从以下 6 个方面来分析，见表 2-1。

房地产经营环境要素 表 2-1

开发与经营环境要素			
房地产开发与经营环境	经济发展环境	经济发展形势	国际经济发展形势
			全国经济发展形势
			当地城市经济发展形势
		市民的收入	收入水平
			贫富差异程度
		资金市场发展形势	利率
			贷款条件
	政治环境	政府土地供应的数量和开发条件	
		政府对经济适用房（保障房）的态度	
		政府收取税费的水平	
	法律环境	房地产直接法律	
		房地产间接法律	
	社会环境	人口数量	
		人口构成：男女比例、年龄、户籍、家庭规模、单身人士	
		人口受教育水平	
		城市历史传统	
		社区安全文明程度	
	科学技术环境	科学技术环境分析要素	
	自然环境	地震带；地质较软的地带；地形起伏；地表水；降雨	

（2）房地产项目地块概况描述要领

① 描述该项目地块的背景，包括地块拍卖公告、规划要求、区位特点等。

② 描绘该项目地块的地理位置图。

（3）房地产项目市场调研分析要领

① 房地产市场分析一般分成 3 种，具体分析内容见表 2-2。

② 撰写并提交一份市场分析报告。报告中应该包括进行房地产市场分析的目标、过程、结论及建议等。房地产项目市场分析内容要按表 2-2 来写，一定要十分简明、清楚、客观、准确。

			需求分析
房地产市场分析	总体的市场分析	市场供求现状分析	供给分析
			价格分析：售价和租价
			交易数量分析
			空置率分析
		房地产市场周期阶段分析	兴旺—平淡—萧条—复苏
		房地产市场的完善程度	市场机制的调节能力
			销售市场与租赁市场的平衡状态
			二手房市场的完善程度
		房地产信贷条件分析	利率
			贷款条件
		相关中介机构的发育状况	房地产交易所的服务水平
			房地产评估机构的服务水平
			其他中介机构的发育状况
	特定开发地段的市场分析	该地段限制因素分析	城市规划
			基础设施
			交通运输条件
			社会环境
			地质情况和环境保护要求
		类似竞争性项目的价格或租金分析	
		市场需求的数量、房型分析	
		市场对这一特定地段房地产功能、档次的需求分析	
	目标地块的 SWOT 分析	优势	
		劣势	
		机遇	
		风险	

经验 2-1　房地产调研资料收集方法

房地产调研资料收集包括第一手信息资料的收集和第二手信息资料的收集。

① 第一手的信息资料收集法。是专门针对所关注的房地产开发项目所要实地调查收集的信息资料，具体方式有口头交流、电话调查、书面问卷调查和实地观察。前 3 种方式的成本相对较低，但当事人可能不愿如实回答所提的问题或对所提的问题理解错误，常会造成所收集的信息资料失真。观察法得到的信息资料客观真实，但对观察者的素质要求较高，花费的时间比较长，相关费用比较高。

② 第二手信息资料的收集法。主要是充分利用已经公开的信息资料，特别是充分利用报刊、房地产信息网络等渠道获得公开信息资料，还要充分利用房地产中介机构、政府

机关、其他开发商、金融机构等公开提供的信息资料。

经验 2-2　目标地块的 SWOT 表格分析法

房地产目标地块的 SWOT 分析，即优势分析、劣势分析、机会分析、威胁分析可用表格形式，进行直观分析总结，见表 2-3，得出目标地块结论。

房地产目标地块 SWOT 分析　　　　　　　　　　　　表 2-3

项目名称		××项目	
S— 优势	S1. 地段	W— 劣势	W1. 地段
	S2. 交通		W2. 规模
	S3. 配套		W3. 产品
	S4. 产品		W4.……
O— 机会	O1. 规划	T— 威胁	T1. 竞争
	O2. 政策		T2. 时机
	O3.……		T3.……
	O4.……		T4.……
综合分析 结论	对优势、劣势、机会、威胁进行分析比较，判断项目的前景		

（4）房地产项目市场预测要领

目标地块的市场预测包括：A. 住宅项目市场需求与价格预测；B. 商业项目市场需求与价格预测。

住宅市场需求的预测方法。一般有额定需求预测和有效需求预测两种方法，但有效需求预测结果常常不准确，误差很大，几乎没有参考价值，所以房地产企业常用额定需求预测法。额定需求预测法是在假设人均的住宅需求保持相对稳定的条件下，来预测未来的住宅市场需求的。这种方法对预测中低收入人群的住宅需求效果最好，他们对面积需求变化不大。使用这种方法，首先需要分析目前住宅状况和未来发展趋势。这种分析包括 3 个方面的内容：

① 现有住宅的规模和特点，包括本地区住宅总数，低于所定标准的住宅的数量、高于所定标准的住宅的数量等；

② 人口家庭变化状况，包括总人口的变化趋势、人口年龄结构变化趋势、家庭结构变化趋势；

③ 经济发展趋势，包括国民经济发展预测、人均收入预测和消费结构预测。

通过对以上资料进行分析研究，提出预期可以达到的住房标准。住房标准可以用人均居住面积来表示。未来的住宅市场需求预测可以用如下公式表示：

$$D_f = P_f \times T_f - S_c$$

$$S_f = D_f / n + A$$

式中　D_f——预测年限的住宅市场需求（按预期的住房标准）与现有的供给量（合乎预期标准的现有住宅）之差；

P_f——预期人口数；

T_f——预期住房标准；

S_c——现有供给量；

n——预测年限；

A——原住宅的年均报废量；

S_f——预期年均开发建设的住宅量。

例如，江苏省某县级市预期人口数 40 万人，预期住房标准人均 $30m^2$，现有供给量 $500000m^2$，原住宅的年均报废量 $10000m^2$，预测 2 年后年均开发建设的住宅量？

由上面公式 $D_f = P_f \times T_f - S_c = 400000 \times 30 - 500000 = 700000m^2$

$$S_f = D_f/n + A = 700000/2 + 10000 = 450000m^2$$

（5）计算机实训软件录入开发项目的经营环境分析与市场分析内容要领

要将按照表 2-1 所作的"房地产经营环境分析"、按照表 2-2 所作的"房地产市场分析"、按照表 2-3 所作的"房地产目标地块 SWOT 分析"以及房地产项目市场预测等内容，录入计算机实训软件所提供的窗口中。

5. 作业任务及作业规范

（1）作业任务

实训 1 的作业任务是"房地产开发项目的经营环境分析与市场分析"，具体内容见表 2-4。

房地产开发项目的经营环境分析与市场分析作业安排 表 2-4

日期	地点	组织形式	学生工作任务	学生作业文件	教师指导要求
		① 集中布置任务 ② 集中现场考察 ③ 小组上网 ④ 小组讨论	① 房地产项目开发业务实训任务研讨，填写实训工作计划表（表 1-1） ② 房地产经营环境分析 ③ 房地产项目地块概况 ④ 房地产项目市场调研分析 ⑤ 房地产项目 SWOT 分析与市场预测 ⑥ 计算机实训软件录入开发项目的经营环境分析与市场分析内容	房地产开发项目的经营环境分析与市场分析报告	① 全班学生分组 ② 宣布纪律和注意事项 ③ 布置实训总任务和实训 1 任务 ④ 组织讨论 ⑤ 指导业务过程 ⑥ 考核作业成绩

（2）作业规范

实训 1 的作业规范，见综合实训项目学习活动 1：房地产开发项目的经营环境分析与市场分析操作记录"题目 1～题目 3"。

综合实训项目学习活动任务单001：

房地产开发项目的经营环境分析与市场分析

操作记录表（表 2-5～表 2-7）

题目1 项目地块背景与地理位置图   表 2-5

操作内容	规 范 要 求
	（1）该地块的拍卖公告；（2）规划指标：①出让面积、②容积率、③绿化率等；（3）不超过 800 字
1. 项目地块的背景	

操作内容	规 范 要 求
	（1）手绘或地图截图；（2）图上标注地块要明显；（3）图上要有市中心、主要城市标志和主干道等
2. 描绘该项目地块的地理位置图	

注：可续页。

题目 2　当地城市房地产开发环境 　　　　　　　　　　表 2-6

操作内容	规 范 要 求
1. 经济发展环境	（1）经济发展形势：国际经济发展形势、全国经济发展形势、当地城市经济发展形势；（2）市民的收入：收入水平、贫富差异程度；（3）资金市场发展形势：利率、贷款条件；（4）不超过 500 字

操作内容	规 范 要 求
2. 政治环境	（1）当地政府近年来土地供应的数量和开发要求；（2）当地政府对经济适用房（保障房）的举措；（3）政府收取房地产税费的水平；（4）不超过 500 字

操作内容	规 范 要 求
3. 法律法规环境	（1）房地产主要法律及对房地产开发的影响；（2）房地产重要法规及对房地产开发的影响；（3）不超过 400 字

操作内容	规 范 要 求
	（1）当地城市人口数量；（2）人口构成：男女比例、年龄、户籍、家庭规模、单身人士数量；（3）人口受教育水平；（4）城市历史传统；（5）城市安全文明程度；（6）不超过500字
4.社会环境	

操作内容	规 范 要 求
5. 科学技术环境	（1）用于房地产产品的新技术；（2）用于房地产产品的新材料；（3）建筑新技术；（4）不超过 300 字
6. 自然环境	（1）是否地震带；（2）地质较软或较硬的地带；（3）地形起伏与地表水；（4）气候及降雨；（5）不超过 300 字

注：可续页。

题目 3　项目市场调研 表 2-7

操作内容	规　范　要　求
1. 市场分析的目的和目标	(1) 市场分析的目的；(2) 市场分析的目标；(3) 不超过 100 字
2. 房地产总体的市场分析	(1) 房地产市场供求现状分析：需求量分析、供给量分析、售价和租价分析、交易数量分析、空置率分析；(2) 房地产市场周期阶段分析：兴旺—平淡—萧条—复苏；(3) 房地产市场的完善程度：市场机制的调节能力、销售市场与租赁市场的平衡状态、二手房市场的完善程度；(4) 房地产信贷条件分析：贷款利率、贷款首付条件；(5) 相关房地产中介机构的发育状况；(6) 不超过 800 字

操作内容	规 范 要 求
2. 房地产总体的市场分析	

操作内容	规 范 要 求
3.目标地块所在特定开发地段的市场分析	（1）该地段限制因素分析：城市规划、基础设施、交通运输条件、社会环境、地质情况和环境保护要求；（2）类似竞争性地块项目的价格或租金分析；（3）市场对这一特定地段房地产功能、档次、房型、数量的需求分析；（4）不超过1000字

操作内容	规　范　要　求
4. SWOT 分析	（1）优势：地段、交通、配套、产品等；（2）劣势：地段、规模、产品等；（3）机遇：城市规划、利好政策等；（4）风险：竞争、利空政策等；（5）不超过 800 字

操作内容	规 范 要 求
5. 市场预测	（1）拟开发产品的市场需求预测；（2）拟开发产品的市场供给预测；（3）拟开发产品的价格预测；（4）不超过300字
6. 市场调研结论和建议	（1）市场调研结论；（2）建议；（3）不超过200字

注：可续页。

6. 实训考核

主要是形成性考核。由实训指导教师对每一位学生这一阶段的实训情况进行过程考核，根据学生上交的作业文件"综合实训项目学习活动任务单 001：房地产开发项目的经营环境分析与市场分析操作记录表表 2-5～表 2-7"3 个题目的完成质量，参照学生参与工作的热情、工作的态度、与人沟通、独立思考、讨论时的表现、综合分析问题和解决问题的能力、出勤率等方面情况综合评价学生这一阶段的学习成绩，把考核成绩填写在表 2-49 中。

实训 2 房地产开发地块的竞拍与土地使用权获取

1. 实训技能要求

（1）能够遵循房地产开发类职业标准相关内容；

（2）能够在房地产开发业务中体现工匠精神；

（3）能够进行土地使用权获取方式与程序调研；

（4）能够进行土地拍卖市场调研；

（5）能够制定土地报价方案；

（6）能够进行计算机实训软件土地竞拍、拿地。

2. 实训步骤

（1）土地使用权获取方式与程序调研；

（2）土地拍卖市场调研；

（3）制定土地报价方案；

（4）计算机实训软件土地竞拍、拿地。

3. 实训知识链接与相关案例

（1）房地产开发用地与土地使用权的获取

① 房地产开发用地。是指房地产企业进行基础设施建设和房屋建设的用地。

② 土地使用权的获取方式。主要有土地使用权出让、土地使用权转让和土地使用权行政划拨三种。

③ 土地的最高出让年限见表 2-8。

各类土地使用年限　　　　　　　　　　　　　表 2-8

用地类型	土地使用年限
居住用地	70 年
工业用地	50 年
教育、科技、文化、卫生、体育用地	50 年
商业、旅游、娱乐用地	40 年
综合或者其他用地	50 年

（2）土地使用权的出让

土地使用权出让是指国家以土地所有者的身份将土地的使用权在一定的年限内让给土地使用者，并由土地使用者向国家支付土地使用权出让金的行为。国有土地使用权的出让方式有：拍卖、招标和协议三种。

① 拍卖出让。拍卖出让是指由土地管理部门或其他委托的拍卖机构主持土地使用权拍卖，在指定的时间、地点由主持人宣布底价，竞投者按规定的方式应价，以出价最高者为受让人出让土地使用权的出让行为。拍卖出让的一般程序，如图 2-3 所示。

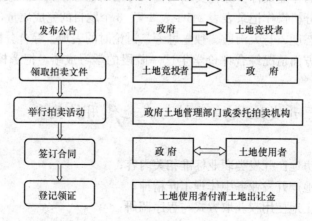

图 2-3 拍卖出让一般程序

② 协议出让方式与程序。协议出让指土地使用权的受让方向市、县人民政府的土地管理部门提出有偿使用土地的申请，双方经过达成一致后出让土地的行为。该方式一般适用于以公益事业、福利事业，如国家机关、教育、卫生等部门的用地出让。协议出让的一般程序如下：申请用地→审查复核→签订合同→登记领证，取得土地使用权。

③ 招标出让。招标出让是指土地管理部门向符合条件的不特定单位发出要约邀请或者面向社会公布招标条件，然后按照合法的招标程序确定最佳中标者并向其出让土地使用权的行为。这种方式适用于对开发有较高要求的建设性用地。招标出让的一般程序如下：发布招标公告→领取招标文件→投标→决标→签订合同→登记领证，取得土地使用权。

（3）土地使用权转让

经过出让方式获得土地使用权的土地使用者，如果没有能力开发，可以把土地转让给有实力的开发商。土地使用权转让是指经出让方式获得土地使用权的土地使用者，通过买卖、赠与或其他合法方式将土地使用权再转移的行为。土地使用权的转让经营是在土地使用权出让的基础上，使用权在土地使用者之间的横向流动，转让者可以抬高地价，获得比出让价高的额外的转让收益。

（4）土地使用权的行政划拨

土地使用权划拨是指经县级以上人民政府依法批准，在土地使用者缴纳补偿、安置等费用后，将该幅土地交付其使用，或者将其土地使用权无偿交付给土地使用者使用的行为。目前土地使用权划拨使用极少，土地使用权的划拨一般适用于国家机关、军事用地、城市基础建设和公益事业用地，以及国家重点扶持的能源、交通、水利等项目用地。

（5）土地拍卖市场调研

① 土地市场。是指土地交易活动和场所的总称。土地交易包括土地出让、土地转让、土地抵押和土地出租等活动。

② 土地交易市场划分。一般划分为土地一级市场、土地二级市场和土地三级市场。
A. 土地一级市场。是土地使用权的出让市场，其主要市场活动是国家以土地所有者的

身份，将土地使用权按规划要求和投资计划及使用年限，出让给土地使用者或开发商。B. 土地二级市场。即土地使用权转让市场，其主要市场活动是开发商根据政府有关规定和出让合同要求，对土地进行开发和建设，并将经过开发的土地使用权连同地上建筑物进行转让、出租、抵押等。其受让方可以是二手的开发经营者，也可能是直接的土地使用者。C. 土地三级市场。是土地使用者之间进行的土地转让、租赁、抵押、交换等交易活动。土地的价格原则上是根据市场供求状况，由交易双方议定，交易总量由市场供求决定。

③ 土地市场类型：A. 城镇国有土地使用权出让市场。该类型市场也叫土地一级市场，由土地管理部门代表国家将土地使用权让与土地使用者，并由土地使用者支付土地出让金。具体方式有协议出让、招标出让和拍卖出让。B. 城镇国有土地使用权转让市场。该类型市场也叫土地二级市场，它是土地使用权出让后的再转让。C. 土地金融市场。资金运作进入土地市场便形成了土地金融市场。有了土地金融市场，土地使用权的出租、抵押和流转便有了资金支持。D. 涉外土地市场。该市场主要是针对外商投资项目占用土地时，土地使用权的获得方式运作。E. 土地中介服务市场。该市场主要是面对土地使用权的中间流通。具体形式有土地交易磋商、土地信息服务、土地评估、土地登记和土地仲裁等。

④ 调研本地土地市场概况。包括本地当年土地供给情况、需求情况、价格情况，预测本地土地市场行情。

（6）制定土地报价方案

竞拍地块时，要科学制定土地报价方案，根据自身能力投标，要通过严格的流程来做出决定，如图 2-4 所示。房地产企业要确定好地块的竞拍价格，开发商在决定竞拍某个地块时，一定要事先做好充分论证。

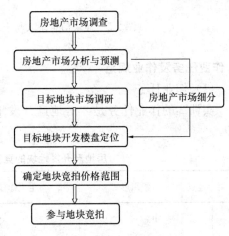

图 2-4　地块选择流程图

4. 实训要领与相关经验

房地产开发地块的竞拍与土地使用权获取实训用时 1～2 天。教师要指导学生填写实训进度计划表 1-1、考勤表 1-3 以及作业文件“综合实训项目学习活动任务单 002：房地产开发地块的竞拍与土地使用权获取操作记录表（表 2-10、表 2-11）”。

（1）制定土地报价方案要领

土地报价时，要对当地城市土地市场有充分调研，对目标地块要根据将来的项目运作能够产生预期的利润预设最优竞拍价格。

① 要根据公司现有资金规模，选择拟开发的目标地块项目规模。要从公司现有资金、固定成本等现状出发考虑项目规模，科学选择开发的项目规模。

② 要认真调研测算该地块竞拍时有利可图的举牌价格范围。一般情况下，应该选择以 10%～40% 的利润空间决定的价格范围参与竞拍较为合适。如果举牌价格太高则无利可图，甚至亏损；如果举牌价格太低，则虽然利润很大，但不容易竞拍成功。

（2）计算机实训软件土地竞拍、拿地要领

根据土地报价方案，提交计算机实训软件进行土地竞拍、拿地。①认真解读地块上市拍卖公告，根据地块录入要求从中提取信息参数、完整填写地块信息。②根据土地报价方案，认真填写地块出价数，并提交，等待竞拍结果。见图2-5，如果竞拍成功，则进入后续开发过程；如果竞拍失败，则重新寻找目标地块。

拍卖公告：G55号地块上市拍卖公告（略）			
编号：	G55	用地面积：	100000.00(m²)
用地性质：	居住+商业配套	容积率：	2.00
商业配套：	2.00(%)	车位配套系数：	0.02(个/m²)
建筑密度：	20.00(%)	建筑高度：	40.00(m)
绿地率：	40.00(%)	起拍价：	20000.00(万元)
加价幅度：	1000.00(万元)	竞买保证金：	2000.00(万元)
出价：	50000.00(万元)		

图2-5　地块信息录入与土地竞拍出价（图片截取于实训软件）

5. 作业任务及作业规范

（1）作业任务

实训2的作业任务是"房地产开发地块的竞拍与土地使用权获取"，具体内容见表2-9。

房地产开发地块的竞拍与土地使用权获取作业安排　　　　　　　　　　表2-9

日期	地点	组织形式	学生工作任务	学生作业文件	教师指导要求
		① 集中布置任务 ② 集中现场考察 ③ 小组上网 ④ 小组讨论	① 土地使用权获取方式与程序调研 ② 土地拍卖市场调研 ③ 制定土地报价方案 ④ 计算机实训软件土地竞拍、拿地	房地产开发地块的竞拍方案	① 总结实训1 ② 布置实训2任务 ③ 组织讨论 ④ 指导业务过程 ⑤ 考核作业成绩

（2）作业规范

实训2的作业规范，见综合实训项目学习活动2：房地产开发地块的竞拍与土地使用权获取操作记录"题目4～题目5"。

综合实训项目学习活动任务单002：

房地产开发地块的竞拍与土地使用权获取

操作记录表（表2-10、表2-11）

题目4　制定地块竞拍方案　　　　　　　　　　　　　　　表 2-10

操作内容	规　范　要　求
1. 当地城市土地市场概况	（1）近几年土地上市量；（2）近几年土地成交价格及地王；（3）土地市场的竞争情况；（4）不超过300字
2. 根据公司现有资金规模，选择拟开发的目标地块项目规模	（1）公司现有资金规模；（2）拟开发目标地块项目的最大投资规模；（3）不超过100字

操作内容	规 范 要 求
3. 分析目标地块拍卖公告技术参数	见"表2-5题目1 项目地块背景与地理位置图"的规划指标：①出让面积、②容积率、③绿化率等
4. 测算该地块竞拍时有利可图的举牌价格范围	（1）按地块规划指标计算可销售开发面积；（2）按市场均价计算开发收入；（3）估算不含地价的开发成本；（4）估算不含地价的毛利；（5）测算该地块竞拍时有利可图的举牌地价范围：起拍价—毛利；（6）不超过500字

注：可续页。

操作内容	规 范 要 求
1. 提取地块信息参数	（1）认真解读地块上市拍卖公告，根据地块录入要求从中提取信息参数、完整填写地块信息；（2）见"表 2-5 题目 1　项目地块背景与地理位置图"的规划指标：①出让面积；②容积率；③绿化率等
2. 填写地块出价数，并提交	根据土地报价方案"表 2-10 题目 4　制定地块竞拍方案"，认真填写地块出价数，并提交，等待竞拍结果
3. 直到竞拍成功	如果竞拍成功，则进入后续开发过程；如果竞拍失败，则重新寻找目标地块

6. 实训考核

主要是形成性考核。由实训指导教师对每一位学生这一阶段的实训情况进行过程考核，根据学生上交的作业文件"综合实训项目学习活动任务单 002：房地产开发地块的竞拍与土地使用权获取操作记录表（表 2-10、表 2-11）"2 个题目的完成质量，参照学生参与工作的热情、工作的态度、与人沟通、独立思考、讨论时的表现、综合分析问题和解决问题的能力、出勤率等方面情况综合评价学生这一阶段的学习成绩，把考核成绩填写在表2-49 中。

实训 3　房地产地块开发楼盘的市场定位与可行性分析

1. 实训技能要求

（1）能够遵循房地产开发类职业标准相关内容；

（2）能够在房地产开发业务中体现工匠精神；

（3）能够进行地块开发市场定位；

（4）能够进行地块开发风险的主要类型分析；

（5）能够制定风险控制手段；

（6）能够进行风险分析计算；

（7）能够进行地块开发可行性分析；

（8）能够利用计算机软件进行地块开发市场定位内容录入。

2. 实训步骤

（1）地块开发市场定位；

（2）地块开发风险的主要类型分析与控制手段；

（3）风险分析计算；

（4）地块开发可行性分析；

（5）利用计算机实训软件录入地块开发市场定位与可行性分析内容。

3. 实训知识链接与相关案例

（1）地块开发市场定位

房地产地块项目开发的市场定位，就是目标地块开发楼盘的市场定位，以便在目标顾客的心目中占有独特的地位。

（2）地块开发经营风险的主要类型分析

房地产开发经营风险是指房地产投资过程中，某种低于预期利润、特别是导致投资损失的事件发生的可能性或出现的概率大小。房地产经营风险主要表现在以下几个方面：

① 购买力风险。是指购买力下降引起对房屋产品需求降低这种情况出现的可能性。

② 财务风险。主要是资金风险，是指房地产开发企业运用财务杠杆在使用贷款扩大投资利润范围的条件下，增加了不确定性，其增加的营业收入不足以偿还债务的可能性。

③ 利率风险。主要是房地产开发随市场利率的变动而产生的风险。

④ 变现风险。是指投资产品在没有压低价格情况下（不低于市场价），能迅速将其兑换成现金的可能性。房地产商品的变现性是较差的，难以像一般商品那样轻易脱手，也不像股票、债券等证券那样可以分割买卖，随时交易，短时间内兑现，而且房地产销售费时费力，交易不可能在短时间内完成。

⑤ 经营能力风险。是指因经营能力问题导致投资失败的可能性。

⑥ 社会风险。指由于国家政治、政策、法规、计划等形势和经济形势等大环境变化等因素的影响给房地产投资带来的经济损失的风险。

⑦ 意外事故风险。一方面来自自然灾害，另一方面来自人为破坏。

（3）地块开发风险分析计算

房地产风险分析也叫不确定性分析，其目的就是研究、分析、计算和预测房地产开发过程中的各种风险，为投资项目决策提供依据。房地产投资风险分析计算主要有盈亏平衡分析、敏感性分析和概率分析等方法。

① 盈亏平衡分析。是通过项目盈亏平衡点（BEP）来分析项目成本与收益的平衡关系的一种方法，主要用来考察项目适应市场变化的能力和项目的抗风险能力。盈亏平衡点的计算方法，用房地产产量表示的盈亏平衡点的计算公式是：

$BEPQ$＝年固定成本/（单位产品价格－单位产品可变成本－单位产品销售税金和附加费）

当该项目的产（销）量到 $BEPQ$ 时，说明项目不亏不盈，正好保本。

案例 2-2 某房地产企业盈亏平衡点的计算

某房地产企业年固定成本为 5000000 元，其正在开发的桃花小区单位产品可变成本为 3700 元/m^2，单位产品价格为 6000 元/m^2，单位产品销售税金和附加费为 300 元/m^2，全部计划建设房地产产量（建筑面积）为 30000m^2，请计算该房地产企业达到盈亏平衡时的年产量？开发的桃花小区是否有利可图？

由 $X＝F/(P-V-t)$

可得盈亏平衡时的年产量计算公式是：

BEP_Q＝年固定成本/（单位产品价格－单位产品可变成本－单位产品销售税金和附加费）＝5000000/（6000－3700－300）＝2500m^2

而该房地产企业开发的桃花小区面积为 30000m^2，远大于 2500m^2，是大有利润可赚的。

盈亏平衡点的分析评价：由上述计算实例可知，盈亏平衡点的值为越低越好。房地产开发投资的盈亏平衡点低，说明开发项目达到较低产量时就可以保本，开发项目的赢利能力强、抗风险能力大、生命力强，可以取得较好的经济效益，有较高的市场竞争能力。相反，盈亏平衡点的值越高越差，说明开发项目达到很高产量时才可以保本，开发项目的赢利能力不强、抗风险能力小、生命力不强，与竞争对手相比，市场竞争能力差，难以取得较好的经济效益。

② 敏感性分析。是通过分析、预测房地产开发投资项目主要因素发生变化时，对经济指标的影响，从中找出敏感性因素，并确定其影响程度的一种不确定性分析方法。房地产投资项目敏感性分析及计算过程比较复杂，通常可按以下主要步骤进行：A. 选择经济评价指标。一般选择财务内部收益率、投资回收期等主要经济评价指标作为敏感性分析计算的对象，指标不宜太多；B. 选择需要分析的不确定性因素；C. 确定变量的变化范围并计算其影响评价指标的变动幅度；D. 确定房地产开发项目对风险因素的敏感程度。敏感程度高的风险因素是重点防范和控制对象。

③ 概率分析。其方法就是根据不确定性因素在一定范围的随机变动，分析确定这种变动的概率分布和它们的期望值及标准偏差，进而为投资者决策提供可靠依据。概率分析的方法主要有数学期望值法，得出的标准偏差越小则说明房地产开发项目的风险就越小。

（4）房地产地块开发风险的控制手段

减少房地产开发风险防范的具体措施有：

① 大规模开发土地。开发规模大可以采用前面介绍过的成片集中开发的模式进行开发，能降低固定成本，能产生积聚效用，综合效益高，是减少开发风险和降低成本最好的办法。大规模开发土地，开发面积一般在 30 万平方米以上。

② 在开发前必须对市场进行周密的调查。

③ 准确的项目定位。

④ 规划为本。

⑤ 向财产保险公司投保。

（5）地块开发可行性分析

房地产开发的可行性研究是与项目地块的市场定位同时考虑的，是指在投资决策前对拟开发项目相关的社会、经济和技术等各方面情况进行深入细致的调查研究，对各种可能的方案进行科学评价的基础上，综合研究拟开发项目在技术上是否先进、适用、可靠，在经济上是否合理，在财务上是否赢利，由此确定该项目是否应该投资和如何投资。

① 可行性研究的内容。由于房地产开发项目的性质、规模和复杂程度不同，其可行性研究的内容不尽相同，各有侧重。但主要内容是不变的，它包括以下三个方面：项目的必要性；项目实施的可能性；项目的技术经济分析。

② 可行性研究的步骤：

A. 明确任务；

B. 调查研究；

C. 方案选择和优化；

D. 财务评价和国民经济评价；

E. 编制可行性研究报告。

③ 房地产开发项目可行性研究报告的撰写。可行性研究要进行大量的工作，但最终都要靠一份研究报告来体现出来，发挥作用。

4. 实训要领与相关经验

房地产地块开发楼盘的市场定位与可行性分析实训用时 1～2 天。教师要指导学生填写实训进度计划表 1-1、考勤表 1-3 以及作业文件"综合实训项目学习活动任务单003：房地产地块开发楼盘的市场定位与可行性分析操作记录表 2-13～表 2-16"。

（1）块开发市场定位要领

地块开发楼盘定位内容包括：A. 客户定位，如高端客户、中端客户、低端客户；B. 产品定位，如品质定位、价格定位；C. 形象定位，如：主题定位、竞争定位。房地产项目的市场定位需要考虑市场需求、市场机遇、市场竞争以及企业拥有的内外资源，见图2-6 所示。

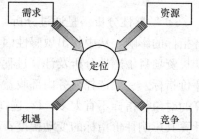

图2-6　房地产项目市场定位的影响因素

（2）地块开发风险的主要类型分析与控制手段要领

① 结合目标地块的特点分析可能存在的开发风险，按风险大小排序，不少于 5 个。②根据存在的开发风险提出应对的控制手段。

经验 2-3　房地产开发经营中的财务风险

房地产开发经营中的财务风险来自融资情况和房款回笼速度。

融资情况。房地产开发投资通常是通过贷款或集资等方式筹集资金的，融资的利率、数量、速度可能会带来财务风险。①利率。反映成本，如在一定期内，房地产的总投资收益率低于银行利率，则房地产开发不仅无利可图，而且还出现赔本经营的局面，造成了融资风险。例如，房地产投资实际利润率只有6％，而贷款利率为10％，假定其他因素不变时，投资者每贷入 100 元资金获得的实际收益为 6 元而支付的利息为 10 元，必须自己再拿出 4 元以支付利息，这时就出现了融资风险。②融资的数量。如果低于房地产开发的资金需求量，就会出现经营风险。③融资的速度。如果慢于房地产开发的资金投放速度，则会立即出现资金链断裂，带来巨大的财务风险。

房款回笼速度。房款回笼如果速度快，则能够补充房地产开发所需资金，但通常会遇到购房者拖欠房款或房屋销售困难情况带来财务风险。分析购房者拖欠房款，一般是由于购买者财务状况与开发时预测的财务状况发生了变化，如职位下降、收入减少或突然出现意外情况等原因。

（3）风险分析计算要领

① 在盈亏平衡分析时，单位产品的销售税金和附加费要按照当地的数据计算。②敏感性分析：至少选择土地价格、房地产销售价格作为敏感性变量进行风险计算分析。

（4）地块开发可行性分析要领

一份正式的可行性研究报告应包括封面、摘要、目录、正文、附表和附图等内容。封面反映评估项目的名称、评估机构和委托评估机构的名称及报告编写的时间；摘要，用简洁的语言概要介绍项目的情况和特点、所处地区的市场情况、评估的结论，一般不超过1000 字；目录方便读者能很快地了解可行性研究报告所包括的具体内容以及前后关系，根据自己的需要快速地找到相关的部分。可行性研究报告正文部分是可行性研究报告的核心，一般包括以下内容：

① 概况。要求写清楚进行可行性研究的背景；所研究项目的名称、性质、地址、其周边的基础设施和市政配套设施的现状等。

② 市场调查分析。对项目进行宏观、区域和微观的市场分析和调查，预测未来的供给、需求和价格水平。

③ 规划设计方案。写出项目所具备的规划设计方案。

④ 建设方式及进度安排。

⑤ 投资估算及资金筹措。

⑥ 项目经济评价。

⑦ 风险分析。

⑧ 结论。写出该项目可行性研究的结论，明确说明该项目是否可行，是否具有较强的赢利能力和较强的抗风险能力。

⑨ 有关建议。

说明：如果做房地产项目全程开发策划方案，则地块开发可行性分析就不用另外做了。

（5）利用计算机实训软件录入地块开发市场定位内容

根据实训步骤，把地块开发市场定位、地块开发风险的主要类型分析与控制手段、风险分析以及地块开发可行性分析等内容提交计算机实训软件系统。在确定地块开发市场定位时，要充分考虑房地产市场需求行情、建筑成本与税费行情，尽量选择市场需求量大的产品进行定位，但也要综合权衡建筑成本与税费的增加因素。如果定位失败，则会影响地块开发的经营效益。

5. 作业任务及作业规范

（1）作业任务

实训 3 的作业任务是"房地产地块开发楼盘的市场定位与可行性分析"，具体内容见表 2-12。

房地产地块开发楼盘的市场定位与可行性分析作业安排　　　　　　表 2-12

日期	地点	组织形式	学生工作任务	学生作业文件	教师指导要求
		① 集中布置任务 ② 集中现场考察 ③ 小组上网 ④ 小组讨论	研讨项目任务 ① 地块开发市场定位 ② 地块开发风险的主要类型分析与控制手段 ③ 风险分析计算 ④ 地块开发可行性分析 ⑤ 利用计算机实训软件录入地块开发市场定位内容	房地产地块开发楼盘的市场定位与可行性分析方案	① 总结实训 2 ② 布置实训 3 任务 ③ 组织讨论 ④ 指导业务过程 ⑤ 考核作业成绩

（2）作业规范

实训 3 的作业规范，见综合实训项目学习活动 3：房地产地块开发楼盘的市场定位与可行性分析操作记录"题目 6～题目 9"。

综合实训项目学习活动任务单 003：

房地产地块开发楼盘的市场定位与可行性分析

操作记录表（表 2-13～表 2-16）

题目 6　地块开发市场定位方案 　　　　　　　　　　　　　　　　表 2-13

操作内容	规 范 要 求
1. 市场细分与目标客户选择	（1）按消费者收入和购买动机细分市场；（2）选择目标客户并估算容量；（3）目标客户特征；（4）不超过 500 字

操作内容	规 范 要 求
2. 客户定位	（1）根据目标客户特征进行客户定位：高端客户、中端客户、低端客户；（2）不超过100字
3. 产品定位	（1）根据定位的目标客户需求特征进行产品定位：品质定位、价格定位；（2）不超过100字
4. 形象定位	（1）根据客户定位和产品定位进行形象定位：主题定位、竞争定位；（2）不超过100字

注：可续页。

题目 7 地块开发风险分析计算与控制手段

表 2-14

操作内容	规 范 要 求
1. 分析可能存在的开发风险	（1）购买力风险；（2）财务风险；（3）利率风险；（4）变现风险；（5）经营能力风险；（6）社会风险；（7）意外事故风险；（8）不超过 800 字

操作内容	规 范 要 求
2. 盈亏平衡分析	盈亏平衡点的计算公式是：$BEPQ$=年固定成本/（单位产品价格－单位产品可变成本－单位产品销售税金和附加费）
3. 敏感性分析	（1）土地价格敏感性：计算"表2-10　题目4　制定地块竞拍方案"中土地出价范围；（2）房地产销售价格敏感性分析：计算最低价格
4. 开发风险控制手段	根据存在的开发风险选择风险控制手段：大规模开发、在开发前对市场周密调查、精准的项目定位、科学的规划设计、向财产保险公司投保

注：可续页。

题目 8　地块开发可行性分析　　　　　　　　　　　　　　　　　表 2-15

操作内容	规　范　要　求
地块开发可行性分析	（1）概况；（2）市场调查分析；（3）规划设计方案；（4）建设方式及进度安排；（5）投资估算及资金筹措；（6）项目经济评价；（7）风险分析；（8）结论；（9）有关建议；（10）选取本实训手册中的相关内容编写"地块开发可行性分析报告"，另外编写，单独成文

注：可续页。

题目 9　利用计算机实训软件录入地块开发市场定位和风险控制内容　　　表 2-16

操作内容	规　范　要　求
软件录入地块开发市场定位和风险控制内容	根据房地产市场需求行情、建筑成本与税费行情，科学选择地块开发市场定位，录入"表 2-13　题目 6　地块开发市场定位方案"和"表 2-14 题目 7　地块开发风险分析计算与控制手段"内容

6. 实训考核

主要是形成性考核。由实训指导教师对每一位学生这一阶段的实训情况进行过程考核，根据学生上交的作业文件"综合实训项目学习活动任务单003：房地产地块开发楼盘的市场定位与可行性分析操作记录表（表2-13~表2-16）"4个题目的完成质量，参照学生参与工作的热情、工作的态度、与人沟通、独立思考、讨论时的表现、综合分析问题和解决问题的能力、出勤率等方面情况综合评价学生这一阶段的学习成绩，把考核成绩填写在表2-49中。

实训4 房地产地块开发投资分析与融资

1. 实训技能要求

（1）能够遵循房地产开发类职业标准相关内容；

（2）能够在房地产开发业务中体现工匠精神；

（3）能够进行地块开发投资分析；

（4）能够制定地块开发融资方案；

（5）能够利用计算机实训软件进行开发项目的投资分析与融资内容录入。

2. 实训步骤

（1）房地产地块开发投资分析；

（2）房地产地块开发融资方案；

（3）计算机实训软件录入开发项目的投资分析与融资报告。

3. 实训知识链接与相关案例

（1）房地产地块开发投资分析与决策

① 房地产投资。是指房地产企业将资本投入到房地产开发经营中以获取期望收益的行为。房地产投资是地产投资和房产投资的总称。土地开发投资分为旧城区土地开发投资和新城区土地开发投资。旧城区土地开发投资主要包括拆迁费和旧城区改造费等。新城区土地开发投资主要包括土地征用费、城市基础设施建设费和"三通一平"费等。房屋开发投资是指用于房屋及市政公用和生活服务房屋开发建设的投资，主要投资构成包括建筑工程投资、安装工程投资和设备工器具购置投资。房地产投资的领域主要有住宅房地产投资、商业房地产投资和工业房地产投资3种。

② 房地产项目的投资决策。房地产的投资过程实际上就是房地产项目开发经营的全过程。房地产投资周期长、环节多，是一个相当复杂的过程，需要在地块开发可行性分析的基础上进行科学的投资决策。

（2）房地产地块开发融资

① 房地产开发融资。是指房地产企业在开发过程中，借助于金融机构和资本市场筹措开发资金而进行的资金融通行为。房地产开发过程是资金堆积的过程，房地产开发融资包括间接融资和直接融资。房地产融资的主要形式：一是银行贷款融资；二是证券融资，通过房地产债券、股票等证券的发行和流通来融通房地产开发资金的有关金融活动；三是房地产信托融资；四是房地产联建、参建融资；五是利用外资与房地产典当融资。需要引起注意的是，随着市场经济的发展和房地产金融体系的不断完善，在融资方式上出现了相互渗透、组合创新的趋势，如房地产证券抵押贷款、住房债权信托等。

案例 2-3 房地产融资的效果

某小房地产开发企业拥有 100 万元股本，现有一投资项目，预计该项目的投资收益率为 15％。如果该企业不进行任何融资，那么股本资本的利润率就是 15％。现在如果能够以 10％的利率借入 100 万元，与原始股本一并投资，收益水平仍为 15％，那么，由于财务杠杆的作用，100 万元原始股本的净收益达到 20 万元，即收益率为 20％。

但是，如果借款利率仍为 10％，借入 100 万元，与原始股本一并投资，而收益水平由于市场风险跌至 7％，那么，同样由于财务杠杆的作用，100 万元原始股本的净收益只有 4 万元，即收益率降为 4％。

② 房地产开发融资的准备。要研究、分析和评价影响融资的各种因素，做好融资前的充分准备，力求达到房地产开发融资最佳的综合效益。融资的准备工作：一是确定合理的融资规模；二是正确选择融资的渠道和方式；三是考虑融资与投资；四是建立资本金制度；五是优化资金结构，房地产开发企业进行负债经营必须要保证投资利润率高于资金成本率，以保证企业的经济效益。最后，制定一个房地产开发融资方案。

4. 实训要领与相关经验

房地产地块开发投资分析与融资实训用时 1～2 天。教师要指导学生填写实训进度计划表 1-1、考勤表 1-3 以及作业文件"综合实训项目学习活动任务单 004：房地产地块开发投资分析与融资操作记录表（表 2-18、表 2-19）"。

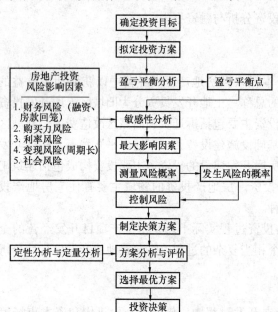

图 2-7　房地产项目开发风险分析与投资决策过程

（1）地产地块开发投资分析要领

房地产项目开发风险分析与投资决策过程见图 2-7。

（2）房地产地块开发融资方案要领

① 科学制定融资方案。房地产开发融资方案的内容应包括如下基本内容：欲筹集资金的币种、数额与资金来源构成；融资流量，即与房地产开发企业资金投入和资金偿还要求相适应的不同时间内筹集资金和偿还资金的数量；融资风险与管理措施；融资成本预算；融资方法；融资组织等。

② 正确选择房地产开发融资方案。一般采用比较分析法，即对各个可行的房地产开发融资方案的安全性、经济性和可行性用分级评价的方式进行比较，选择出安全性、经济性和可行性 3 项指标均令人满意的方案。

（3）计算机实训软件录入开发项目的投资分析与融资方案要领

在使用实训软件录入之前，应该做好房地产地块开发投资分析和房地产地块开发融资方案。然后，把房地产地块开发投资分析和房地产地块开发融资方案录入到计算机实训软件中。

5. 作业任务及作业规范

（1）作业任务

实训 4 的作业任务是"房地产地块开发投资分析与融资"，具体内容见表 2-17。

房地产地块开发投资分析与融资作业安排　　　　　　　　　　表 2-17

日期	地点	组织形式	学生工作任务	学生作业文件	教师指导要求
		① 集中布置任务 ② 集中现场考察 ③ 小组上网 ④ 小组讨论	① 房地产地块开发投资分析 ② 房地产地块开发融资方案 ③ 计算机软件录入投资分析与融资报告	房地产地块开发投资分析与融资方案	① 总结实训 3 ② 布置实训 4 任务 ③ 组织讨论 ④ 指导业务过程 ⑤ 考核作业成绩

（2）作业规范

实训 4 的作业规范，见综合实训项目学习活动 4：房地产地块开发投资分析与融资操作记录"题目 10、题目 11"。

综合实训项目学习活动任务单 004：

房地产地块开发投资分析与融资
操作记录表（表 2-18、表 2-19）

题目 10　地块开发投资分析与融资方案　　　　　　　表 2-18

操作内容	规　范　要　求
	（1）地块开发内容与投资总额估算；（2）投资周期与进度；（3）投资风险与控制方法；（4）投资回报估算；（5）不超过 500 字
1. 地块开发投资分析报告	

操作内容	规　范　要　求
1. 地块开发投资 分析报告	

操作内容	规 范 要 求
	（1）欲筹集资金的币种、数额与资金来源构成；（2）融资流量：不同时间筹集资金的数量；（3）融资风险与管理措施；（4）融资成本预算；（5）融资方法与融资组织；（6）不超过500字
2.地块开发融资方案	

注：可续页。

題目 11　计算机实训软件录入投资分析与融资方案　　　　表 2-19

操作内容	规 范 要 求
录入投资分析与融资方案	把事先做好的"题目10　地块开发投资分析与融资方案"内容录入到实训软件中

6. 实训考核

　　主要是形成性考核。由实训指导教师对每一位学生这一阶段的实训情况进行过程考核，根据学生上交的作业文件"综合实训项目学习活动任务单004：房地产地块开发投资分析与融资操作记录表（表 2-18、表 2-19）"2 个题目的完成质量，参照学生参与工作的热情、工作的态度、与人沟通、独立思考、讨论时的表现、综合分析问题和解决问题的能力、出勤率等方面情况综合评价学生这一阶段的学习成绩，把考核成绩填写在表 2-49 中。

实训 5　房地产地块开发产品策划与规划设计

1. 实训技能要求

　　(1) 能够遵循房地产开发类职业标准相关内容。
　　(2) 能够在房地产开发业务中体现工匠精神。
　　(3) 能够进行项目产品组合策划。
　　(4) 能够进行项目规划设计。
　　(5) 能够计算项目规划技术经济指标。
　　(6) 能够熟悉房地产项目报建管理。
　　(7) 能够利用计算机软件录入产品组合、规划参数。

2. 实训步骤

　　(1) 项目产品组合策划。
　　(2) 项目规划设计。
　　(3) 项目规划技术经济指标计算。
　　(4) 房地产项目报建管理。
　　(5) 计算机软件上录入产品组合、规划参数。

3. 实训知识链接与相关案例

　　(1) 房地产开发项目产品组合策划

　　① 房地产产品。就是"房子"，基本类型包括：住宅，具有居住属性；商铺，具有商业属性；写字楼，具有办公属性；厂房，具有工业属性。

　　② 项目产品组合策划。就是策划房地产项目向市场提供的全部物业的结构或构成。产品组合包括：产品品种组合，如住宅、商铺、写字楼等；产品规格组合，如普通住宅、中档住宅、豪华住宅（别墅）；楼型组合，如高层、小高层、多层等；位置组合；组合比例。

　　③ 精心设计房型。产品策划，以人为本，如住宅：

A. 50m² 以下的一居小户型；

B. 60~99m² 的二居一厅或两厅小夫妻型；

C. 100~130m² 的三居两厅小康型，如图 2-8 所示；

D. 140 以上及 230m² 的空中 TOWNHOUSE 等豪华型。多种空间形态供购房者随意选择。

（2）目规划设计

包括建筑规划、道路规划、绿化规划和基础设施规划。

① 建筑规划是房地产开发项目规划设计的核心内容。主要包括：一是建筑类型的选择，如对住宅项目是选择超高层、多层还是别墅群建筑。二是建筑布局，受建筑容积率和规划建设用地面积的限制，如居

图 2-8   110m² 的三居两厅户型

住建筑群体的平面布局的基本形式有行列式、周边式、混合式和自由式。三是配套公建，稍大的居住小区内人口众多应设有小学，且住宅离小学校的距离应在 300m 左右，近则扰民，远则不便。菜店、食品店、小型超市等居民每天都要光顾的社区商店等配套公建，服务半径最好不要超过 200m。四是环境小品。

② 道路规划。不仅要满足房地产项目内部的功能要求，而且要与城市总体取得有机的联系。

③ 绿化规划。房地产项目绿化，起遮阳、通风、防尘、隔噪声等作用，包括：公共绿地，如房地产项目公园、居住小区公园、住宅组群的小块绿地；公共建筑和公共设施绿地，如商务会所、社区商店周围的绿地；宅旁和庭院绿地；道路绿化，在干道、小路两旁种植的乔木或灌木丛。

④ 房地产开发项目基础设施是指红线以内房地产项目服务的各种设施，包括锅炉房、变电站、高压水泵房、煤气调压站以及水、电、气、供热等各种地下管线。基础设施建设的内容主要包括管线工程和道路工程两方面的内容。

（3）项目规划技术经济指标

① 建筑基底面积。指建筑物接触地面的自然层建筑外墙或结构外围水平投影面积。

建筑面积。亦称"建筑展开面积"，是建筑物各层面积的总和。建筑面积包括使用面积、辅助面积和结构面积。建筑面积要按国家颁布的"建筑面积计算规则"计算。

② 商品房销售面积。商品房按"套"或"单元"出售，商品房的销售面积即为购房者所购买的套内或单元内建筑面积（以下简称套内建筑面积）与应分摊的公用建筑面积之和，即：

商品房销售面积＝套内建筑面积＋分摊的公用建筑面积

套内建筑面积由以下三部分组成：套（单元）内的使用面积，套内墙体面积，阳台建筑面积。面积的计算按现行《住宅设计规范》和《建筑工程建筑面积计算规范》进行。

分摊的公用建筑面积＝公用建筑面积分摊系数×套内建筑面积

③ 建筑高度。平屋顶建筑高度从室外地面至女儿墙顶。坡屋面建筑高度：坡度小于 35°（含 35°），为室外地面至檐口高度；坡度大于 35°，为室外地面至屋脊的高度。

④ 居住建筑层数的划分

一般情况下，划分四类：

低层居住建筑：1～3 层。

多层居住建筑：4～6 层。

小高层居住建筑：7～15 层。

高层居住建筑：15 层及以上。

（4）地产项目报建管理

房地产开发项目报建是指在原规划设计方案的基础上，房地产开发企业委托规划设计单位提出各单体建筑的设计方案，并对其布局进行定位，对开发项目用地范围内的道路和各类管线作更深入设计，使其达到施工要求，并提交有关部门审批的过程。用于报建的建筑设计方案经过城市规划、消防、抗震办、人防、环卫、供水、供电等管理部门审查通过后，可以进一步编制项目的施工图和技术文件，再报城市规划部门行政主管部门及有关专业管理部门审批。房地产项目规划设计的审批内容及程序，也就是常说的"一书两证"制度，这是房地产项目前期工作的重要内容之一，见表 2-20。

房地产项目规划设计的审批程序　　　　表 2-20

审批内容		审批程序
房地产项目规划设计审批	选址意见书制度	（1）提供房地产建设项目的基本情况 （2）提供房地产建设项目选址的依据 （3）核发选址意见书
	建设用地规划许可证制度	（1）现场踏勘 （2）征求意见 （3）提供设计条件——红线图 （4）审查总平面图及用地面积 （5）核发建设用地规划许可证
	建设工程规划许可证制度	（1）建设工程规划许可证申请 （2）初步审查 （3）核发规划设计要点意见书 （4）设计方案审查 （5）核发建设工程规划许可证

注："二书两证"制度

案例 2-4　麒麟山庄的规划设计

规划设计理念：麒麟山庄位于南京东郊麒麟镇，西临南京市区、东傍汤山风景区、北接宁杭公路、环城公路和沪宁高速公路，南融入冯家村乡间山野。处于山谷之间的麒麟山庄占地 502 亩，总投资约 20 亿元，总建筑面积约 49 万平方米。麒麟山庄交通位置图见图 2-9，有公交车到麒麟镇中心和市区。

麒麟山庄的规划设计紧跟江宁统筹城乡经济社会发展的新形势，采用让每位业主享受到生活的乐趣的设计理念，倡导的是一种全新的生活方式——生活的舞步，自己选，力求使居住的人能够远离尘嚣，回归自然，寻求一种轻松悠闲的生活方式，与家人充分享受生

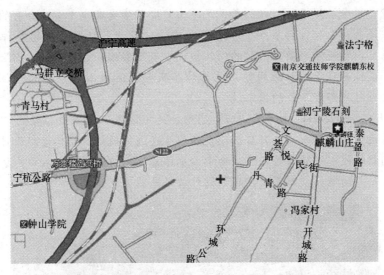

图 2-9 麒麟山庄交通位置图

活的乐趣。规划设计尊重南京城乡总体布局，突出麒麟镇特色、突出生态和谐、突出"以人为本"，体现人文关怀，关注城乡居民，建设和谐型居住区。

麒麟山庄规划设计的内容有：

① 麒麟山庄地块处于山谷之间，地块起伏狭长，拥有坡地资源。根据总体规划模式，综合考虑技术经济条件，麒麟山庄选择多层、小高层、高层和双拼、联排别墅等多种产品聚合，以满足不同消费者的实际需要。

② 综合考虑地块面积、容积率、人口规模、日照、通风、美观等要素，麒麟山庄采用"行列式为主，周边式为辅"的混合式建筑布局，服从"居住社区—街坊"规划模式，节约空间，形成半敞开式的住宅院落，所有住宅南北向布置，超高比例的楼间距，最低也达 1.2（25m），保障了每个户型观景视野的开阔和日照时间的充裕，居民能尽情享受大自然的阳光雨露。园林布局重视与大自然配合，把美丽、宁静、舒适的环境带入每一户家中。

③ 建筑风格上，麒麟山庄以新古典主义与现代主义风格相结合的欧陆风格为建筑之基调。

④ 麒麟山庄户型设计考虑当地城乡需求以"中小户型高舒适度"为主旋律，产品组合主力面积为 91 平方米的两房两厅和 125 平方米的三房两厅。

⑤ 道路规划与配套公建与城乡总体取得有机的联系，与城市公共服务设施规划相结合。道路结合地形布置，社区共有 5 个出入口，与麒麟镇有机相连，中部是主入口，北面和南面各有两个次入口，社区每个入口都设有休闲广场，从进入社区起，就展现社区无处不在的优美景观和配套公建。社区主干道宽 7m，两边各设宽 1.5m 的人行道和 1.2m 的绿化带。小区次干道宽约 4～5m，配置宽 1.5m 的单边人行道，凡尽端式支路均设置回车场。入户道理宽约 3.5m，整个小区将实行人车分流，提高了生活的安全性、舒适性和人性化。生活设施配套南北两大会所，会所内设有健身房、游戏室、多功能房、桌球室、乒乓球室、图书馆、阅览室、电脑室、咖啡厅、音乐室、酒吧、餐厅、卡拉OK等休闲娱乐

设施，是健身、聚会的好场所，社区居民足不出户即可享受在市中心才会有的多重休闲设施。麒麟山庄还有商业街，形成小区步行购物中心，可满足社区居民的各种日常生活所需。此外，社区内部规划一座现代化的幼儿园，设有图书馆、音乐室、室内游戏室和健身房，可满足小区住户孩子的入托问题，也为外界服务。麒麟山庄整体的车位比为1：1，基本满足了每家每户都有车位的需求。

⑥ 麒麟山庄三面环山，地势呈"凹"字形，是中国风水学上最推崇的"聚财宝地"，山庄中部地势最低。麒麟山庄依托自然地貌的原生态进行规划，整体景观设计以人工湖为中心，形成南北轴线，贯穿社区，共分为中心水体景观、组团绿化、入口广场三大类，达到了"天人合一"的境界。麒麟山庄规划设计效果见图2-10。

图 2-10　麒麟山庄规划总平面效果图

麒麟山庄共分四期开发，主要技术经济指标：

建设用地面积：334011.50m²

总建筑面积：489996.31m²

建筑覆盖率：25.76%

绿地率：51%

容积率：1.255

计入容积率建筑面积：419038.91m²

其中：

① 住宅建筑面积：407085.54m²

高层、小高层建筑面积：240135.80m²

多层住宅面积：128216.58m²

联排住宅面积：24530.35m²

双拼住宅面积：14202.82m²

② 商业建筑面积：4374.93m²

③ 会所建筑面积：4558.21m²

④ 幼儿园建筑面积：3020.23m²

总户数：2851 户

高层、小高层：1787 户

多层：878 户

双拼：58 户

联排：128 户

绿地面积：170345.865m²

地下室及车库建筑面积：70957.4m²

总停车数：2626

别墅室内停车：261

地下车库：2079

地面停车：286

4. 实训要领与相关经验

　　房地产地块开发产品策划与规划设计实训用时 2～5 天。教师要指导学生填写实训进度计划表 1-1、考勤表 1-3 以及作业文件"综合实训项目学习活动任务单 005：房地产地块开发产品策划与规划设计操作记录表（表 2-27～表 2-30）"。

　　（1）产品组合策划要领

　　一个项目楼盘只有具备适当的有针对性的面积、格局配比的产品组合，才能形成丰富的产品品种系列，才能满足市场的苛刻需求。如：某项目住宅产品组合设计，见表 2-21～表 2-26。

点式楼住宅产品 表 2-21

楼号	类型	档次	层数	单元一			层面积（m²）	楼面积（m²）	楼户数
46	住宅	高档	18	A	B	C	231.14	4160.52	54

两单元楼住宅产品 表 2-22

楼号	类型	档次	层数	单元一		单元二		层面积（m²）	楼面积（m²）	楼户数
1～4	住宅	高档	20	A	B	B	A	261.92	5238.4	80
5～9	住宅	高档	20	C	B	B	C	346.6	6932	80
10～13	住宅	高档	20	D	C	C	D	454.96	9099.2	80
14～15	住宅	高档	20	E	D	D	E	567.68	11353.6	80

三单元楼住宅产品 表 2-23

楼号	类型	档次	层数	单元一		单元二		单元三		层面积（m²）	楼面积（m²）	楼户数
16～23	住宅	高档	20	C	B	A	A	B	C	462.28	9245.6	120
24～32	住宅	高档	20	D	C	B	B	C	D	601.2	12024	120
33～37	住宅	高档	20	E	D	C	C	D	E	768.04	15360.8	120

楼号	类型	档次	层数	单元一		单元二		单元三		单元四		层面积（m²）	楼面积（m²）	楼户数
38～42	住宅	高档	20	D	C	B	A	A	B	C	D	716.88	14337.6	160
43～45	住宅	高档	20	E	D	C	B	B	C	D	E	914.28	18285.6	160

项目配套商铺　　　　表 2-25

楼号	类型	档次	层数	套型面积						层面积（m²）	楼面积（m²）	楼套数
001	商铺	中档	2	200	200	200	400	400	600	2000	4000	14
002	商铺	中档	2	200	200	200	400	400	600	2000	4000	14
合计											8000	28

项目产品组合　　　　表 2-26

编号	名称	户型	面积（m²）	档次	数量	面积小计（m²）
Z1	住宅	A	57.84	高档	658	38058.72
Z2	住宅	B	73.12	高档	1378	100759.36
Z3	住宅	C	100.18	高档	1618	162091.24
Z4	住宅	D	127.3	高档	1120	142576
Z5	住宅	E	156.54	高档	400	62616
Z6	别墅	F	200	高档	80	16000
合计						522101.32
S1	商铺	G	200	高档	12	2400
S2	商铺	H	300	高档	8	2400
S3	商铺	I	400	高档	8	3200
合计						8000
C1	车位	J	12.7		5174	65709.8
合计						65709.8

（2）项目规划设计要领

房地产开发项目规划设计主要有建筑规划设计、道路规划设计和绿化规划设计 3 大块内容，见图 2-11。

经验 2-4　建筑布局与道路规划需要考虑的因素

建筑布局要考虑容积率。容积率高，说明居住区用地内房子建得多，人口密度大。一般说来，居住区内的楼层越高，容积率也越高；以多层住宅（6 层以下）为主的居住区容积率一般在 1.2～1.5 左右，高层、高密度的居住区容积率往往大于 2。在房地产开发中，

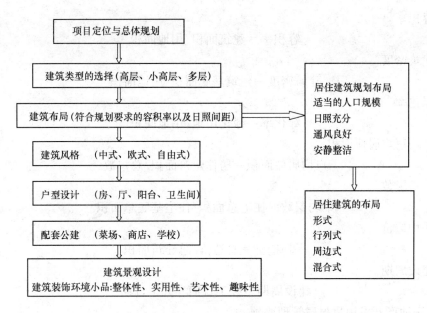

图 2-11　房地产规划设计内容

为了取得更高的经济效益，一些开发商千方百计地要求提高建筑高度，争取更高的容积率，但容积率过高，会出现楼房高、道路窄、绿地少的情况，将极大地影响居住区的生活环境。容积率的高低，只是一个简单的指标，有些项目虽然看上去容积率不高，但是为了增大中庭园林或是闪避地下车库，而使得楼座拥挤一隅也是不恰当的。

建筑布局要考虑日照间距。如果住宅的日照间距不够，北面住宅的低层就不能获得有效日照。在房地产项目规划中，应使住宅布局合理，日照充分。为保证每户都能获得规定的日照时间和日照质量，要求条形住宅纵向外墙之间保持一定距离，即为日照间距。北京地区的日照间距条形住宅采用 $1.6 \sim 1.7h$，h 为前排住宅檐口和后排住宅底层窗台的高差。塔式住宅，也叫点式住宅，采用大于或等于 $1h$ 的日照间距标准。

道路规划要考虑方便通行。①内部不应有过多的车道出口通向城市干道，两出口间距不小于 $150 \sim 200m$。②道路走向应符合人流方向，方便居民出入。住宅与公交车站的距离不宜大于 $500m$。③尽端式道路长度不宜超过 $200m$，在尽端处应留有回车空间。④住宅单元入口至最近车行道之间的距离一般不宜超过 $60m$，如超出时，宅前小路应放宽到 $2.6m$ 以上，以便必须入内的车辆通行。建筑物外墙与行人道边缘距离应不小于 $1.5m$，与车行道边缘应不小于 $3m$。⑤道路应结合地形布置，尽可能结合自然分水线和汇水线设计，以利于排水和减少土石方工程量。在旧住宅区改造时，应充分利用原有道路系统及其他设施。

（3）项目规划技术经济指标计算要领
① 总用地面积
　　　　总用地面积＝居住用地＋公共建筑用地＋道路用地＋绿化用地
② 总建筑面积
　　　　　　总建筑面积＝居住建筑面积＋公共建筑面积

③ 容积率

$$容积率 = 建筑面积/用地面积$$

④ 建筑密度

$$建筑密度 = 建筑基底面积/用地面积$$

⑤ 绿化率

$$绿化率 = 绿化用地/用地面积$$

⑥ 平均每户居住面积

$$户均居住面积 = 居住建筑面积/总户数$$

⑦ 平均层数

$$平均层数 = 住宅总面积/住宅基底总面积$$

⑧ 平均造价

$$平均造价 = 总造价/总建筑面积$$

⑨ 建设周期

$$建设周期 = 竣工日期 - 开工日期$$

（4）房地产开发项目报建管理要领

房地产开发项目报建的流程如图 2-12 所示。

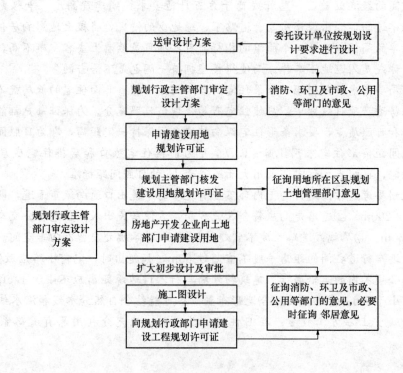

图 2-12 房地产开发项目报建的流程

（5）计算机软件上录入产品组合、规划参数要领

① 录入产品类型，如住宅、商铺，见图 2-13；②录入住宅产品规划，见图 2-14；③录入商铺产品规划与车位规划，检查验算提交产品组合；④提交项目规划设计方案到计算

76

机实训软件中。

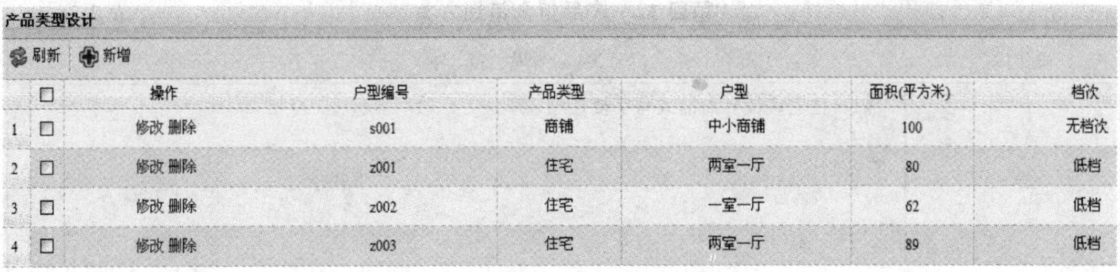

图 2-13　项目产品类型设计

图 2-14　项目住宅产品规划

5. 作业任务及作业规范

（1）作业任务

实训 5 的作业任务是"房地产地块开发产品策划与规划设计"，具体内容见表 2-27。

表 2-27

房地产地块开发产品策划与规划设计作业安排

日期	地点	组织形式	学生工作任务	学生作业文件	教师指导要求
		① 集中布置任务 ② 集中现场考察 ③ 小组上网 ④ 小组讨论、策划	① 产品组合策划 ② 项目规划设计 ③ 项目规划技术经济指标计算 ④ 房地产项目报建管理 ⑤ 计算机软件上录入产品组合、规划参数	房地产地块开发产品策划与规划设计方案	① 总结实训 4 ② 布置实训 5 任务 ③ 组织讨论 ④ 指导业务过程 ⑤ 考核作业成绩

（2）作业规范

实训 5 的作业规范，见综合实训项目学习活动 5：房地产地块开发产品策划与规划设计操作记录"题目 12～题目 15"。

综合实训项目学习活动任务单 005：

77

房地产地块开发产品策划与规划设计

操作记录表（表 2-28～表 2-31）

题目 12　产品组合策划方案　　　　　　　　　　　　　　表 2-28

操作内容	规 范 要 求
1. 产品种类	（1）住宅；（2）商铺或写字楼；（3）车位等；（4）不超过 100 字
2. 主力产品套型简图	不少于六种户型

78

操作内容	规　范　要　求
2. 主力产品套型简图	

操作内容	规 范 要 求
3. 楼型、商业配套与车库	（1）住宅楼型：单元及户数、层高、层数，不少于3类；（2）商铺或写字楼楼型：层套数、层高、层数；（3）停车位配比及数量
4. 产品组合表	按产品种类、数量等编写产品组合表

注：可续页。

操作内容	规　范　要　求
1. 建筑规划	（1）建筑类型选择：高层、小高层、多层；（2）建筑布局：不超过容积率、日照间距、布局形式；（3）建筑风格：中式、欧式、自由式；（4）配套公建：菜场、商铺、学校；（5）文字描述不超过 500 字

操作内容	规 范 要 求
2. 道路规划	（1）小区出入口：两出口间距不小于 150～200m；（2）主路和环形路；（3）宅前小路；（4）地下（上）车库出入口；（5）文字描述不超过 300 字
3. 绿化规划	（1）景观设计；（2）休闲景点绿化；（3）道路绿化；（4）文字描述不超过 300 字

操作内容	规 范 要 求
4. 平面规划图	（1）全面体现建筑规划、道路规划和建筑规划内容；（2）简单的尺寸标注；（3）简单的文字说明
5. 报建方案	（1）选址意见书；（2）建设用地规划许可证；（3）建设工程规划许可证

注：可续页。

表 2-30

操作内容	规 范 要 求
项目规划技术经济指标	（1）总用地面积：总用地面积＝居住用地＋公共建筑用地＋道路用地＋绿化用地；（2）总建筑面积：总建筑面积＝居住建筑面积＋公共建筑面积；（3）容积率：容积率＝建筑面积/用地面积容积率；（4）建筑密度：建筑密度＝建筑基底面积/用地面积；（5）绿化率：绿化率＝绿化用地/用地面积；（6）平均每户居住面积：户均居住面积＝居住建筑面积/总户数；（7）平均层数：平均层数＝住宅总面积/住宅基底总面积；（8）平均造价：平均造价＝总造价/总建筑面积；（9）建设周期：建设周期＝竣工日期－开工日期

操作内容	规 范 要 求
项目规划技术经济指标	

注：可续页。

题目 15　计算机软件录入产品组合、规划参数　　　　　　　　　　表 2-31

操作内容	规 范 要 求
软件录入产品组合、规划参数	（1）录入产品类型；（2）住宅产品规划；（3）商铺产品规划与车位规划；（4）提交产品组合；（5）提交规划设计方案

6. 实训考核

主要是形成性考核。由实训指导教师对每一位学生这一阶段的实训情况进行过程考核，根据学生上交的作业文件"综合实训项目学习活动任务单 005：房地产地块开发产品策划与规划设计操作记录表（表 2-28～表 2-31）"4 个题目的完成质量，参照学生参与工作的热情、工作的态度、与人沟通、独立思考、讨论时的表现、综合分析问题和解决问题的能力、出勤率等方面情况综合评价学生这一阶段的学习成绩，把考核成绩填写在表 2-49 中。

实训6 房地产地块开发的建设管理

1. 实训技能要求

（1）能够遵循房地产开发类职业标准相关内容。

（2）能够在房地产开发业务中体现工匠精神。

（3）能够制定项目建设招标流程与合同。

（4）能够做好项目的建设实施管理。

（5）能够做好项目楼盘验收管理。

2. 实训步骤

（1）制定项目建设招标流程与合同。

（2）制定项目的建设实施管理方案。

（3）制定项目楼盘验收管理方案。

（4）计算机实训软件录入地块开发的建设管理方案。

3. 知识链接与相关案例

（1）项目建设招标

房地产项目的招标是指房地产企业设定"开发项目建设"这一标的，招请若干个建设单位进行秘密报价竞争，从中选择优胜者，并与之达成协议，签订合同，按合同实施。在国际市场上，招标方式主要有公开招标、邀请招标和议标3种。我国《招标投标法》则规定招标的方式只有两种，即公开招标和邀请招标。房地产企业可结合项目的建设规模、复杂程度等具体情况选择其中某种方式。

（2）房地产项目建设合同

是房地产企业（发包方）与承建单位（承包方）为了完成一定的建设工程任务而签订的一项旨在明确双方权利和义务的有法律效力的协议。按计价方式不同划分，房地产项目承包合同一般分为总价合同、单价合同和成本加酬金合同3类。按照合同所包括的工程范围及承包关系的不同划分，合同又可分为：独立承包合同、总包合同及房地产企业直接发包的专业承包合同。

（3）项目的建设实施管理

①项目管理的组织。开发房地产项目需要相应的管理组织来具体实施。组织是指组织机构，即按一定的领导机制、部门设置、层次划分、职责分工、规章制度和信息系统等构成的人的结合体。

案例2-5 栖霞房地产公司组织结构

栖霞房地产公司组织结构，如图2-15所示。

②房地产开发项目实施管理的主要内容概括为："三控"、"两管"、"一协调"。"三控"就是对项目投资（或成本费用）、质量、进度（或工期）3个目标进行有效控制，以使开发项目的整体效益达到最优。"两管"即合同管理和信息管理。"一协调"即组织协调。在项目建设实施过程中，要按预算费用分阶段、分部位进行费用控制。

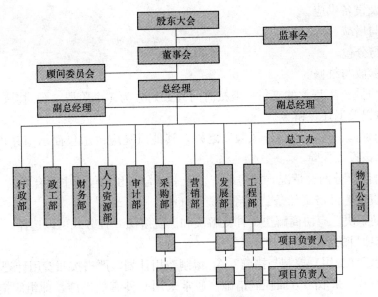

图 2-15　栖霞房地产公司组织结构

（4）项目楼盘验收管理

竣工验收是开发项目在施工单位自我评定的基础上，参加建设的有关单位共同对分批、分部、分项和单位工程的质量进行抽样复检，根据相关标准以书面形式对项目达到合格与否进行确认。

①竣工验收的一般标准，主要有5项：一是工程项目按照工程合同规定和设计图纸要求已全部施工完毕，且已达到国家有关规定的质量标准，能满足使用要求；二是交工工程达到窗明、地净、水通、灯明，有采暖通风的项目，应能正常运转；三是设备调试、试运转达到设计要求；四是建筑物四周2m以内场地整洁；五是技术档案资料齐全。

②竣工验收方法，一般有四种：一是全面鉴定工程质量；二是单项工程竣工验收；三是综合验收；四是分户验收。

4. 实训要领与相关经验

房地产地块开发产品策划与规划设计实训用时1天。教师要指导学生填写实训进度计划表1-1、考勤表1-3以及作业文件"综合实训项目学习活动任务单006：房地产地块开发的建设管理操作记录表（表2-33、表2-34）"。

（1）制定项目建设招标流程与合同要领

①招标流程。按照招标人和投标人参与程度，可将招标过程大致划分成4个阶段：

招标准备阶段→资格预审阶段→发标答疑投标阶段→决标成交阶段。

②建设合同。合同要有具体的条款加以约束，有关房地产项目承包合同的一般条款有如下内容：

A. 一般义务。一般义务条款主要是笼统地规定承包商应承担的职责。具体内容包括：承包人责任、履约保函、总进度计划、工程质量、竣工条件等。

B. 合同文件：合同图纸、投标书和合同条款等。

C. 开工、竣工时间及工期。

D. 材料及设备供应。

E. 变更与增减。

F. 转让与分包。

G. 竣工验收与维修。

H. 付款方式。工程款的支付一般按时间大致划分为 4 个阶段：预付款、工程进度付款、结算付款以及退还保留金。

I. 风险与保险。除了"意外风险"之外，其他风险应由承包商承担并负责保险。为避免风险，应该投入保险。

J. 中断合同。分两种情况，即房地产企业中断合同和承包商中断合同。

K. 经济责任。经济责任条款中规定奖罚办法。

L. 争端的解决。有协商解决、仲裁解决和法院解决 3 种方式可以选择。

（2）制定项目的建设实施方案要领

①项目投资（费用）控制与措施。A. 编制费用计划，严格按照费用计划实施；B. 监理工程师控制；C. 采取多方面控制措施，通常采用 6 种有效措施，即组织措施、技术措施、经济措施、合同措施、信息管理以及协调管理。

②项目质量控制与措施。A. 严格选择施工单位和监理公司；B. 严格选择建材；C. 严格选择设备，保证测量、计量精度，控制混凝土质量，严格质量检查；D. 发挥建设监理机构作用；E. 建立有关质量文件的档案制度。

③项目进度控制与措施。A. 科学编制工程进度计划；B. 加强进度计划管理及调整；C. 做好配套进度计划；D. 关注进度控制中的影响因素，如材料、设备的供应情况、设计变更、劳动力的安排情况、气象条件等；E. 发挥监理工程师的作用。

经验 2-5 项目建设管理贵在严格

严格选择施工单位和监理公司，选择了获得过"鲁班奖"、"精品工程奖"、"省、市优质工程奖"的南通建筑公司为施工单位，同时选择两家工程监理公司进行监理。但中途发现监理工程师与承包单位串通一气，立即更换了一家监理公司。

严格选择建材和设备，在订货阶段就向供货商提供检验的技术标准，并将这些标准列入订购合同中。工程建设中确立了设备检查和试验的标准、手段、程序、记录、检验报告等制度，坚决杜绝使用"三无"产品，对责任人予以解聘。

紧盯"三控"目标不放松。为使开发项目的整体效益达到最优，项目分公司对项目的成本费用、质量和工期进度 3 个方面进行有效控制，确立了项目建设过程中的具体控制措施。对各项施工设备、仪器进行检查，保证在测量、计量方面不出现严重误差，控制混凝土质量。对砌筑工程、装饰工程和水电安装工程等制定具体有效的质量检查和评定办法，以保证质量符合合同中规定的技术要求。科学编制工程进度计划，确保项目每个节点的工期。

严格处罚质量问题。具体做法：工程项目要求确保优良品率（市级标准）达到 95％以上，力争做到 100％的优良品率。若优良品率未达到 95％，将分别扣除项目负责人 30％的年终奖、工程部经理 20％的年终奖、主管副总经理 10％的年终奖。房屋每渗漏一处，施工单位赔款 3 万元，由此给业主造成的一切损失均由施工单位承担；对项目负责人处以 2000 元罚款，对工程部经理处以 1000 元罚款，对主管副总经理处以 500 元罚款，如出现多处渗漏且比较严重，追加处罚直至解聘。

（3）制定项目楼盘验收管理方案要领

①项目楼盘验收管理方案包括：项目验收管理内容、项目验收的工作方法与分户验收管理、项目验收常见质量问题与对策、项目竣工验收监测、项目竣工决算、资料与质量保证书等。

②分户验收基本流程，如图 2-16 所示。

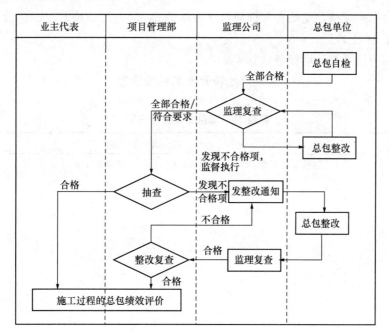

图 2-16　分户验收基本流程

③房地产项目常见质量问题。房地产项目常见质量问题比较多，以商品住宅来说，其整体质量包括住宅的工程质量、功能质量、环境质量和服务质量，验收时，常见的质量问题较多。工程质量又可称为施工质量、建筑质量。工程质量水平表示住宅作为产品使用的可靠性。从住宅使用者的反映来看，投诉最多，带有普遍性、多发性的是一般性质量问题，如：施工粗糙、屋里渗水、外墙渗水及涂料开裂、铝合金门窗渗水严重、管道滴漏、墙面开裂、砌体及抹灰工程质量差等。这类问题影响住宅的使用功能但一般不会造成重大伤亡事故，且不容易在事前察觉，往往要通过使用才能发现。

（4）计算机实训软件录入地块开发的建设管理方案要领

按实训步骤，把制定好的地块开发的建设管理方案录入到计算机实训软件中。

5. 作业任务及作业规范

（1）作业任务

实训 6 的作业任务是"房地产地块开发的建设管理"，具体内容见表 2-32。

日期	地点	组织形式	学生工作任务	学生作业文件	教师指导要求
		①集中布置任务 ②集中现场考察 ③小组上网 ④小组讨论	研讨项目任务 ①项目建设招标 ②项目的建设实施 ③项目楼盘验收管理	房地产地块开发 的建设管理方案	①总结实训 5 ②布置实训 6 任务 ③组织讨论 ④指导业务过程 ⑤考核作业成绩

（2）作业规范

实训 6 的作业规范，见综合实训项目学习活动 6：房地产地块开发的建设管理操作记录"题目 16、题目 17"。

综合实训项目学习活动任务单 006：

房地产地块开发的建设管理

操作记录表（表 2-33、表 2-34）

题目 16　项目建设管理方案   表 2-33

操作内容	规范要求
	（1）招标项目种类；（2）合同主要条款；（3）不超过 500 字
1. 项目建设招标 与合同	

操作内容	规 范 要 求
2. 组织结构	绘制公司组织结构图

操作内容	规 范 要 求
3. 建设管理与验收	（1）三控；（2）两管；（3）一协调；（4）楼盘验收标准；（5）不超过1000字

注：可续页。

操作内容	规范要求
软件录入项目建设管理方案	把制定好的地块开发的建设管理方案录入到计算机实训软件中

6. 实训考核

主要是形成性考核。由实训指导教师对每一位学生这一阶段的实训情况进行过程考核,根据学生上交的作业文件"综合实训项目学习活动任务单 006:房地产地块开发的建设管理操作记录表(表 2-33、表 2-34)"2 个题目的完成质量,参照学生参与工作的热情、工作的态度、与人沟通、独立思考、讨论时的表现、综合分析问题和解决问题的能力、出勤率等方面情况综合评价学生这一阶段的学习成绩,把考核成绩填写在表 2-49 中。

实训 7 房地产地块开发楼盘销售

1. 实训技能要求

(1)能够遵循房地产开发类职业标准相关内容。

(2)能够在房地产开发业务中体现工匠精神。

(3)能够制定楼盘产品价格与销售方案。

(4)能够进行计算机实训软件楼盘销售。

2. 实训步骤

(1)制定楼盘产品价格与销售方案。

(2)计算机实训软件楼盘销售。

3. 知识链接与相关案例

(1)房地产定价

①房地产价格。是价值的货币表现,是房地产商品交易时,买方所需要付出的代价或付款,包括建筑物连同其占用的土地的价格,通常用货币来表示。

②房地产定价方法。常用到的几种定价方法:

A. 成本加成定价法,按房屋造价加一定的提成定价。

B. 竞争价格定价法,按当前市场竞争情况决定价格。

C. 加权点数定价法,按朝向差价、楼层差价、采光差价、面积差价、视野差价、产品差价、设计差价等综合因素制定价格。

D. 顾客感受定价法,让顾客先看房感受,后面通过拍卖或与顾客直接谈判定价。

E. 单个产品定价法,每套房屋的价格都不一样,即普遍采用的"一房一价"。

F. 分批定价法,按每次开盘时间不同定价,一批比一批价格更高或更低,同批次房屋价格基本相同。

G. 时点定价法,以销售价格为基准,根据不同的销售情况给予适当调整各出售单位价格的策略,大致有折扣和折让定价策略、用户心理定价策略。

H. 分市场定价法,按低、中、高不同的市场需求档次定价。

③楼盘价格表。按照上述定价方法,对房地产项目进行定价,并填写在设计好的表格上,就形成了楼盘价格表。

案例 2-6　正大新世界 3 号楼价格表

正大新世界 3 号楼一单元各套房价格表截图见图 2-17。

正大 新世界3号楼价格表

一单元							
房号	面积 (m²)	单价 (元/m²)	总价 (元)	房号	面积 (m²)	单价 (元/m²)	总价 (元)
304	89.04	9891	880695	303	89.63	9687	868242
404	89.04	9616	856213	403	89.63	9712	870483
504	89.04	9654	859552	503	89.63	9749	873844
604	89.04	9704	864004	603	89.63	9799	878325
704	89.04	9861	878046	705	89.63	9959	892603
804	89.04	9861	878046	803	89.63	9959	892603
904	89.04	10063	895965	903	89.63	9963	892939
1004	89.04	10063	895965	1003	89.63	9963	892939
1104	89.04	10150	903756	1103	89.63	10050	900782
1204	89.04	10250	912660	1203	89.63	10150	909745
1304	89.04	10438	929355	1303	89.63	10338	926550
1404	89.04	10588	942711	1403	89.63	10488	939995
1504	89.04	10588	942711	1503	89.63	10488	939995
1604	89.04	10588	942711	1603	89.63	10488	939995

图 2-17　正大新世界 3 号楼（截图于正大新世界售楼部）

（2）项目销售管理

①销售预备工作

一是房产项目合法的审批资料预备。应准备《建设工程规划许可证》、《土地使用权》，预售商品房要准备《商品房预售许可证》，现房销售应准备《商品房现售许可证》等资料。

二是销售资料准备。包括宣传资料的准备，如售楼书、功能楼书、折页、宣传单等；认购合同准备；购房须知准备；价目表与付款方式一览表准备。

三是销售人员准备。对招聘的销售人员，要进行系统的售前培训工作，以提高其素质和能力。

四是销售现场准备。售楼现场应做好：售楼处设计布置；销售道具设计制作；样板房精装修、看楼通道的安全畅通与包装、施工环境美化；一些户外广告牌、灯箱、导示牌、彩旗等，以营造现场喜庆的氛围。

②商品房预售。是指房地产开发企业将正在建设中的房屋预先出售给承购人，由承购人预付定金或房价款的行为。但《城市房地产管理法》规定商品房预售实行预售许可。

③商品房现售。指房地产开发企业将竣工验收合格的商品房出售给买受人，并由买受人支付房价款的行为。

④房屋买卖合同。是指房屋所有人将房屋交付他方所有，对方接受房屋并支付房屋售价的协议。

⑤商品房交付使用管理。房地产销售人员应当按照合同约定，将符合交付使用条件的商品房按期交付给买受人。同时，应协助购买人办理土地使用权变更和房屋所有权登记手续。

4. 实训要领与相关经验

房地产地块开发楼盘销售实训用时 1~2 天。教师要指导学生填写实训进度计划表 1-1、考勤表 1-3 以及作业文件"综合实训项目学习活动任务单 007：房地产地块开发楼盘销售操作记录表（表 2-37、表 2-38）"。

（1）制定楼盘产品价格与销售方案要领

①科学设计项目产品价格体系，做好住宅、商铺、车位等产品的价格表。

②科学设计项目销售实施工作程序。为确保销售工作有序、快捷、准确地进行，通常销售工作依如下程序开展。

A. 客户接待与谈判。该项工作有销售人员负责，此项工作销售人员必须按照有关规定进行。其他财务、工程及物业管理方面的专业人员，可在销售经理指示下及销售人员的请求下协同工作。

B. 定金收取及认购合同签订。该项工作由销售人员与财务人员配合完成，认购合同由财务人员统一保管，在使用前由销售人员按顺序号领用，然后才能通知收取定金。

C. 交纳首期房款、签订正式楼宇买卖合同。

D. 缴纳余款或办理按揭。

E. 其他售后服务。包括：已购房顾客回访，顾客提出有关申请的跟进与落实，项目进停止续的协助办理等。

③科学控制销售进度。指在整个楼盘营销过程中，有效地控制好的房源，分时间段根据市场变化情况，按一定比例面市，而且后期的好房源面市时，正处于价格的上升期，还可以取得比较好的经济效益。好的销控能确保房屋均衡销售、资金均衡回笼，从而能保证开发建设均衡施工，避免房地产开发忽高忽低难控制的局面。主要销控措施：

A. 时间控制。房地产销售阶段控制，见表 2-35。

B. 价格与房源控制。要设置价格阶梯，均衡推出房源。但是，销售不可能一帆风顺，难免会有卡壳现象，所以需要卖点储备与挖掘，及时推出新卖点，会缓解销售卡壳现象，确保销售过程均衡化。

<table>
<tr><td colspan="2">房地产销售阶段控制</td><td>表 2-35</td></tr>
<tr><td>阶　段</td><td>时　间</td><td>累计销售量</td></tr>
<tr><td>预售期</td><td>开盘前第 1~3 个月</td><td>5%~10%</td></tr>
<tr><td>强销期</td><td>开盘后第 1~2 个月</td><td>40%~60%</td></tr>
<tr><td>持续销售期</td><td>开盘后第 3~6 个月</td><td>70%~90%</td></tr>
<tr><td>尾盘期</td><td>开盘后第 7~12 个月</td><td>90%~100%</td></tr>
</table>

经验 2-6　开盘价格策略

在整个价格策略中，开盘定价是第一步，也是最为关键的一步。事实证明，好的开端往往意味着成功了一半。

低价开盘策略。指楼盘在第一次面对消费者时，以低于市场行情的价格公开销售。若一个楼盘面临的是以下一个或多个情况，低价面世将是一个比较明智的选择：产品的综合性能不强，没有鲜明特色；项目的开发量体相对过大；绝对单价过高，超出当地主流购房价格；市场竞争激烈，类似产品多。上述情况下的低价开盘，是一个好的策略但不是绝对的保证。正如任何决定都有它的利弊两面一样，低价开盘也不例外。它的有利点是便于迅速成交促进良性循环，便于日后的价格调控，便于资金回笼。低价开盘的不利点是首期利润不高，楼盘形象难以很快提升。

高价开盘策略。指楼盘第一次面对消费者时，以高于市场行情的价格公开销售。采取高价面世策略多半是源于一些非销售因素的考虑：具有别人所没有的明显楼盘卖点；产品的综合性能上佳；量体适合，公司信誉好，市场需求旺盛。和低价开盘对应，高价开盘的利弊正好与之相反，主要好处是便于获取最大的利润，但若价位偏离主力市场，则资金周转会相对缓慢；便于树立楼盘品牌，创造企业无形资产，但日后的价格的直接调控余地少。

总之，无论是低价开盘，还是高价开盘，它们都有各自的实施条件和利弊因素，但相对于市场行情的开盘，它们都更具有一层积极进取的意味。而千变万化的市场正需要企业的这种不断主动适应，才能最终在市场上创造良好的售楼业绩。

（2）计算机实训软件楼盘销售要领

①录入项目销售方案。②按照设计好的项目产品表，录入住宅、商铺、车位等产品，提交销售。③按照项目产品价格体系，对没有在刚性需求市场销售完的尾盘进行降价销售。④查看成交总额。

5. 作业任务及作业规范

（1）作业任务

实训 7 的作业任务是"房地产地块开发楼盘销售"，具体内容见表 2-36。

房地产地块开发楼盘销售作业安排 表 2-36

日期	地点	组织形式	学生工作任务	学生作业文件	教师指导要求
		①集中布置任务 ②集中现场考察 ③小组上网 ④小组讨论	①制定楼盘产品价格与销售方案 ②计算机实训软件楼盘销售	房地产地块开发楼盘销售方案	①总结实训 6 ②布置实训 7 任务 ③组织讨论 ④指导业务过程 ⑤考核作业成绩

（2）作业规范

实训 7 的作业规范，见综合实训项目学习活动 7：房地产地块开发楼盘销售操作记录"题目 18、题目 19"。

综合实训项目学习活动任务单 007：

96

房地产地块开发楼盘销售

操作记录表（表 2-37、表 2-38）

题目 18　楼盘产品价格与销售方案　　　　　　　　表 2-37

操作内容	规　范　要　求
	（1）房地产定价方法；（2）设计价格表：住宅、商铺、车位等产品价格表，至少 1 栋楼
1. 项目产品价格表	

操作内容	规　范　要　求
2. 项目销售方案	（1）设计项目销售实施工作程序：销售准备、客户接待与谈判、定金收取及认购合同签订、交纳首期房款、签订正式买卖合同、缴纳余款或办理按揭、售后服务；（2）科学控制销售进度：时间控制、价格与房源控制；（3）不超过 800 字

注：可续页。

操作内容	规　范　要　求
软件楼盘销售	（1）录入项目销售方案；（2）提交产品销售；（3）降价销售；（4）查看成交总额

6. 实训考核

主要是形成性考核。由实训指导教师对每一位学生这一阶段的实训情况进行过程考核，根据学生上交的作业文件"综合实训项目学习活动任务单 007：房地产地块开发楼盘销售操作记录表（表 2-37、表 2-38）"2 个题目的完成质量，参照学生参与工作的热情、工作的态度、与人沟通、独立思考、讨论时的表现、综合分析问题和解决问题的能力、出勤率等方面情况综合评价学生这一阶段的学习成绩，把考核成绩填写在表 2-49 中。

实训 8　房地产地块开发项目经营分析

1. 实训技能要求

（1）能够遵循房地产开发类职业标准相关内容。

（2）能够在房地产开发业务中体现工匠精神。

（3）能够进行项目开发经营收入分析。

（4）能够进行项目开发经营成本分析。

（5）能够进行项目开发经营利润分析。

（6）能够利用计算机实训软件进行项目开发经营结果分析。

2. 实训步骤

（1）项目开发经营收入分析。

（2）项目开发经营成本分析。

（3）项目开发经营利润分析。

（4）计算机实训软件分析项目开发经营结果。

3. 知识链接与相关案例

（1）项目开发经营收入分析

房地产经营收入是房地产企业一切支出的主要来源。房地产经营收入主要有土地使用权转让收入、房地产出售收入、房租收入和其他业务收入等。新的楼盘项目开发，主要经营收入来源是出售收入，包括住宅、商铺、车位等产品的销售收入。

（2）项目开发经营成本分析

房地产经营支出是房地产经营企业在经营活动中所发生的各项支出。房地产开发项目的成本包括土地费、建筑安装费、经营管理费、税金、资金占用费和其他业务费支出等项。对房地产开发企业来说，土建费用和建筑安装费是其成本的大项。做好开发项目定位与规划设计，选好建筑承包单位，控制好开发过程，则可以大大降低建筑安装费。

（3）项目开发经营利润分析

房地产项目最终开发经营的成败，就是要看是否有利润，即收支结果是结余还是超支，结余多少或超支多少。房地产项目经营收支结余，是房地产项目在开发与销售全部结束后，以经营收入抵偿支出后的结余或超支，也是综合反映房地产项目开发方案执行的结果。结余多则利润多，说明房地产项目开发经营得好，超支多则说明房地产项目开发失败。

4. 实训要领与相关经验

实训用时 1～2 天。教师要指导学生填写实训进度计划表 1-1、考勤表 1-8 以及作业文件"综合实训项目学习活动任务单 008：房地产地块开发项目经营分析操作记录表（表 2-42、表 2-43）"。

（1）项目开发经营收入分析要领

①商品房计划出售完成率。指报告期商品房的实际出售额占计划出售额的百分比。

②商品房出售收入增长率。指报告期的商品房出售收入与前期商品房出售额差值占前期商品房出售收入的百分比。

③商品房出售合同完成率。指报告期商品房实际出售量占合同规定出售量的百分比。

④开发项目出售收入计算

住宅产品销售额

$$S_1 = 出售面积 \times 出售单价$$

商铺产品销售额

$$S_2 = 出售面积 \times 出售单价$$

车库产品销售额

$$S_3 = 出售个数 \times 出售单价$$

房地产项目开发经营收入，就是上述各项收入之和。

$$S = S_1 + S_2 + S_3$$

（2）项目开发经营成本分析要领

房地产开发项目的经营成本分析，可按表 2-39 逐项计算。

房地产开发项目的经营成本分析　　　　　　　　　　　　　表 2-39

编号	成本分析要素	发生额（万元）
1	住宅工程建安费（造价、含设备）	
2	商业房工程建安费（造价、含设备）	
3	车库工程建安费（造价、含设备）	
	建安费合计	
4	土地成本	
5	资金成本（含利息、融资成本）	
6	前期费	
7	基础设施建筑费	
8	公共商业配套设施费	
9	其他工程费用	

编号	成本分析要素	发生额（万元）
10	不可预见费	
11	开发期税费、房修基金	
12	管理费及间接开发费	
13	营业税	
14	城建税	
15	教育附加税	
	开发成本合计	

（3）项目开发经营利润分析要领

房地产项目的开发经营利润分析，可按表2-40逐项计算。

房地产开发项目的经营利润分析　　　　　　　　　　　　表 2-40

编号	经营利润分析要素	发生额（万元）
1	销售收入	
2	开发成本合计	
3	毛利润	
4	企业所得税	
5	项目开发净利润	
6	项目销售利润率＝（利润/销售收入）×100%	
7	项目的资本金利润率＝（利润额/资本金总额）×100%	
8	项目的成本利润率＝（利润总额/成本总额）×100%	

（4）计算机实训软件分析项目开发经营结果要领

①录入表2-39中逐项计算的数据；②按照销售情况录入销售额；③录入表2-40中逐项计算的数据；④如果填写的数据与计算机计算不一样，则不能提交成功，要反复计算直到数据正确、提交成功。

5. 作业任务及作业规范

（1）作业任务

实训8的作业任务是"房地产地块开发项目经营分析"，具体内容见表2-41。

房地产地块开发项目经营分析作业安排　　　　　　表 2-41

日期	地点	组织形式	学生工作任务	学生作业文件	教师指导要求
		①集中布置任务 ②集中现场考察 ③小组上网 ④小组讨论	①项目经营收入分析 ②项目经营成本分析 ③项目经营利润分析 ④计算机实训软件项目开发经营结果分析	房地产地块开发项目经营分析报告	①总结实训7 ②布置实训8任务 ③组织讨论 ④指导业务过程 ⑤考核作业成绩

（2）作业规范

实训7的作业规范，见综合实训项目学习活动8：房地产地块开发项目经营分析操作记录"题目 20、题目 21"。

综合实训项目学习活动任务单 008：

房地产地块开发项目经营分析

操作记录表（表 2-42、表 2-43）

题目 20　项目收入分析报告 表 2-42

操作内容	规　范　要　求
	（1）住宅销售收入；（2）商铺销售收入；（3）车位销售收入；（4）其他收入；（5）总收入
1. 收入分析	

操作内容	规 范 要 求
	（1）建安费合计；（2）土地成本；（3）前期费；（4）基础设施建筑费；（5）公共商业配套设施费；（6）其他工程费用；（7）不可预见费；（8）开发期税费、房修基金；（9）管理费及间接开发费；（10）营业税；（11）城市维护建设税；（12）教育费附加；（13）开发成本合计
2. 成本分析	

操作内容	规 范 要 求
3. 利润分析	（1）毛利润；（2）净利润；（3）投资回报率：销售利润率＝（利润/销售收入）×100%；资本金利润率＝（利润额/资本金总额）×100%；成本利润率＝（利润总额/成本总额）×100%

注：可续页。

操作内容	规 范 要 求
软件分析项目开发经营结果	（1）录入成本计算数据；（2）录入销售额；（3）录入利润计算数据；（4）直到数据正确、提交成功

6. 实训考核

主要是形成性考核。由实训指导教师对每一位学生这一阶段的实训情况进行过程考核，根据学生上交的作业文件"综合实训项目学习活动任务单 008：房地产地块开发项目经营分析操作记录表（表 2-42、表 2-43）"2 个题目的完成质量，参照学生参与工作的热情、工作的态度、与人沟通、独立思考、讨论时的表现、综合分析问题和解决问题的能力、出勤率等方面情况综合评价学生这一阶段的学习成绩，把考核成绩填写在表 2-49 中。

实训 9　房地产开发综合实训总结与经验分享

1. 实训技能要求

（1）能够进行房地产开发实训总结。

（2）能够做好房地产开发实训经验分享。

2. 实训步骤

（1）房地产开发实训总结。

（2）房地产开发实训分享。

3. 实训知识链接与相关案例

（1）书面总结

是对过去一定时期的工作、学习或思想情况进行回顾、分析，并做出客观评价的书面材料。按内容分，有学习总结、工作总结、思想总结等；按时间分，有年度总结、季度总结、月份总结等。和其他应用文体一样，总结的正文也分为开头、主体、结尾三部分，各部分均有其特定的内容。

①开头。总结的开头主要用来概述基本情况。包括单位名称、工作性质、主要任务、时代背景、指导思想，以及总结目的、主要内容提示等。作为开头部分，要注意简明扼要，文字不可过多。

②主体。这是总结的主要部分，内容包括成绩和做法、经验和教训、今后打算等方面。这部分篇幅大、内容多，要特别注意层次分明、条理清楚。

③结尾。结尾是正文的收束，应在总结经验教训的基础上，提出今后的方向、任务和措施，表明决心、展望前景。这段内容要与开头相照应，篇幅不应过长。有些总结在主体部分已将这些内容表达过了，就不必再行重复。

（2）房地产开发实训总结

就是对整个房地产开发综合实训情况进行回顾、分析，并做出客观评价。房地产开发实训总结的写作方法与上面提到的书面总结的写作方法类似，同样要求：突出重点、突出个性、实事求是。

案例 2-7　第五小组 55 号地块开发实训总结

班级：房估 0711

组别：阳光五公司

成员：陈昌同（组长）、张明、周辉、霍家明、宗涛、张燕蕾、周琦、谭慧

1. 一个星期的实训时间，让我学到了很多东西。为期一周的房地产"55 号地块"项目开发策划综合实训不知不觉就过去了。在老师的亲切指导下，"55 号地块"实训项目使我们不仅在理论上对房地产整个领域有了全新的认识，在实践能力上也得到了提高，明白了作为一名新时期的高职人才一定要做到学以致用，而且学到了其他很多为人处事的道理，这些对我来说受益匪浅。

除此以外，我还学会了如何更好地与别人沟通，如何更好地去陈述自己的观点，如何说服别人认同自己的观点。第一次亲身感受了所学知识与实际的应用，理论与实际的相结合，让我大开眼界。也是对以前所学知识的一个初审吧！这次实训对于我以后学习、找工作也真是受益匪浅，在短短的一个星期中让我初步从理性回到感性的重新认识，也让我初步地认识这个社会，对于以后做人所应把握的方向也有所启发！相信这些宝贵的经验会成为我今后成功的重要的基石。

2. 团队合作精神非常重要。在这一周里，我们充分发挥了团队合作精神，在大家的共同努力下，很顺利地完成了老师布置的任务。从中，我们体会到了团队合作的快乐无边。真正感受到实战演练的针对性、侧重性。通过房地产的实训，我们充分认识到自身存在的不足，要想以后在这一行业上有所作为，只有在实践中不断提高自己，完善自己。

作为一名大二的学生，经过一年多的在校学习，对房地产业有了理性的认识和理解。在校期间，一直忙于理论知识的学习，没有机会也没有相应的经验来参与项目的开发。所以在实训之前，房地产对我来说是比较抽象的，一个完整的项目要怎么来分工以及完成该项目所要的基本步骤也不明确。而经过这次实训，让我明白一个完整的房地产开发的流程，必须由团队来分工合作，并在每个阶段中进行必要的总结与论证。

这样的实训不只是考验一个人的能力，最主要是检验一个团队的凝聚力。我们不仅提高了自身的业务水平，而且也增强了我们的人际交往能力，让我们明白一个团队绝不是以一个人为中心的，需要大家的齐心协力。只有充分认识到这一点，我们这样的团队才是最强大的、最具竞争力的。

3. 经过这次实训，我对房地产开发有了更深一步的了解，对相应的工作流程认识也有了大大的提高。我感受最深的，还有以下几点：

（1）实训是对每个人综合能力的检验。要想做好任何事，除了自己平时要有一定的功底外，我们还需要一定的实践动手能力，操作能力。

（2）此次实训，我深深体会到了积累知识的重要性。俗话说："要想为事业多添一把火，自己就得多添一捆材"。我对此话深有感触。

（3）"纸上得来终觉浅，绝知此事要躬行！"在短暂的实习过程中，让我深深地感觉到自己在实际运用中的专业知识的匮乏，刚开始的一段时间里，对一些工作感到无从下手，茫然不知所措，这让我感到非常难过。以前总以为自己学得不错，一旦接触到实际，才发

现自己知道的是多么少，这时才真正领悟到"学无止境"的含义。这也许不止是我一个人的感觉。

（3）房地产开发实训分享

就是对房地产开发综合实训中的收获与感悟、经验与教训与全部同学们一起分享，共同提高，放大本次实训的效果。

4. 实施要领

房地产开发实训总结与分享用时 1 天。教师要指导学生填写实训进度计划表 1-1、考勤表 1-3 以及作业文件"综合实训项目学习活动任务单 009：房地产开发实训总结与经验分享操作记录表（表 2-45、表 2-46）"。

（1）房地产开发实训总结要领

撰写房地产开发实训总结应注意的问题：

①要有实事求是的态度。实训总结中，不能只讲收获，不谈问题，这不是实事求是的态度。总结要在如实地、一分为二地分析、评价自己的实训情况，对收获、成绩，不要夸大；对问题和不足，不要轻描淡写。

②总结要有理性认识。一方面，要抓主要矛盾，无论谈成绩或谈存在问题，都不要面面俱到。另一方面，对主要矛盾要进行深入细致的分析，谈成绩要写清怎么做的，为什么这样做，效果如何，经验是什么；谈存在问题，要写清是什么问题，为什么会出现这种问题，其性质是什么，教训是什么。这样的总结，才能对实训工作有所反思，并由感性认识上升到理性认识。

③总结要用第一人称。即要从本班级、本小组的角度来撰写。表达方式以叙述、议论为主，说明为辅，可以夹叙夹议。

④最重要的一点就是要把每一个要点写清楚，写明白。

（2）房地产开发实训交流分享要领

①要对实训总结进行精华提炼，找出有价值的东西与全班同学共同交流分享。

②要有丰富多彩的展示，建议制作 PPT。

③要有生动活泼的讲解，建议事先排练。

5. 作业任务及作业规范

（1）作业任务

实训 9 的作业任务是"房地产开发实训总结与经验分享"，具体内容见表 2-44。

房地产开发实训总结与经验分享作业安排 表 2-44

日期	地点	组织形式	学生工作任务	学生作业文件	教师指导要求
		①集中布置任务 ②小组讨论、策划	①实训总结 ②实训交流分享	实训总结与经验分享	①总结实训 8 ②布置实训 9 任务 ③组织讨论 ④指导业务过程 ⑤考核作业成绩

（2）作业规范

实训9的作业规范，见综合实训项目学习活动9：房地产开发实训总结与经验分享操作记录"题目22、题目23"。

综合实训项目学习活动任务单009：

房地产开发实训总结与经验分享

操作记录表（表 2-45、表 2-46）

题目 22　实训总结 表 2-45

操作内容	规　范　要　求
	（1）实训基本过程：实训单位、实训任务、实训时间过程等；（2）实训内容：实训环节、做法等；（3）不超过 1000 字
1. 实训的过程与内容	

操作内容	规 范 要 求
2. 实训的收获与体会	（1）成绩与经验；（2）不足与教训；（3）今后改进打算和建议措施；（4）实事求是

注：可续页。

操作要求	规 范 要 求
	（1）实训中的收获与感悟；（2）经验与教训；（3）不少于 5 个方面
1. 从实训总结中提炼有价值的东西	

操作要求	规 范 要 求
2. 制作丰富多彩的 PPT	（1）图文并茂，要点突出；（2）不超过 30 页
3. 生 动 活 泼 的讲解	（1）主讲 1 人；（2）团队成员补充；（3）不超过 10 分钟

6. 实训考核

　　主要是形成性考核。由实训指导教师对每一位学生这一阶段的实训情况进行过程考核，根据学生上交的作业文件"综合实训项目学习活动任务单009：房地产开发实训总结与经验分享操作记录表（表2-45、表2-46）"2个题目的完成质量，参照学生参与工作的热情、工作的态度、与人沟通、独立思考、讨论时的表现、综合分析问题和解决问题的能力、出勤率等方面情况综合评价学生这一阶段的学习成绩，把考核成绩填写在表2-49中。

实训9⁺　房地产开发实训收尾结束工作

1.《房地产开发实训报告（作业文件）》

　　《房地产开发实训报告（作业文件）》是由9项实训活动23个题目作业文件组合而成的。《房地产开发实训报告（作业文件）》电子稿的内容目录如下：

目　　录

一、房地产开发项目的经营环境分析与市场分析

　　1. 项目开发实训任务研讨与计划

　　2. 房地产经营环境分析

　　3. 房地产项目地块分析

　　4. 房地产项目市场调研分析

　　5. 房地产项目SWOT分析与市场预测

二、房地产开发地块的竞拍与土地使用权获取

　　6. 土地使用权获取方式与程序调研

　　7. 土地拍卖市场调研

　　8. 制定土地报价方案

　　9. 计算机实训软件土地竞拍、拿地

三、房地产地块开发楼盘的市场定位与可行性分析

　　10. 地块开发市场定位：客户定位、品质定位、价格定位

　　11. 地块开发风险的主要类型分析与控制手段

　　12. 风险分析计算

　　13. 地块开发可行性分析

四、房地产地块开发投资分析与融资

　　14. 房地产地块开发投资分析

　　15. 房地产地块开发融资

五、房地产地块开发产品策划与规划设计

　　16. 产品组合策划：品种组合；产品套型简图；楼型组合

　　17. 项目规划设计：建筑规划；道路规划；绿化规划；基础设施规划

　　18. 项目规划技术经济指标

　　19. 房地产项目报建管理

　　20. 计算机软件上录入产品组合、规划参数

六、房地产地块开发的建设管理

21. 项目建设招标

22. 项目的建设管理

23. 项目楼盘验收管理

七、房地产地块开发楼盘销售

24. 制定楼盘产品价格方案

25. 计算机实训软件销售

八、房地产地块开发项目经营分析

26. 项目经营收入分析

27. 项目经营成本分析

28. 项目经营利润分析

29. 计算机实训软件经营分析结论

九、房地产开发实训总结与经验分享

30. 实训总结

31. 实训交流分享

2. 综合实训作业文件验收与归档

（1）综合实训作业文件验收合格标准（表 2-47）

综合实训作业文件验收合格标准 表 2-47

任务与作业	验收合格标准
分组讨论	无迟到、旷课
	口头交流叙述流畅，观点清楚表达简单明白
	独立学习、检索资料能力强，有详细记录
（实训活动任务单 001） 房地产开发项目的经营环境分析与市场分析	房地产经营环境分析、项目地块分析、房地产项目市场调研分析充分、合理
	项目 SWOT 分析与市场预测充分、合理
（实训活动任务单 002） 房地产开发地块的竞拍与土地使用权获取	地块竞拍方案合理
	实训软件土地竞拍拿地成功
（实训活动任务单 003） 房地产地块开发楼盘的市场定位与可行性分析	地块开发市场定位方案合理
	地块开发风险分析计算与控制手段正确、合理
	地块开发可行性分析充分、合理
（实训活动任务单 004） 房地产地块开发投资分析与融资	地块开发投资分析方案合理
	地块开发融资方案合理
（实训活动任务单 005） 房地产地块开发产品策划与规划设计	产品组合策划方案合理
	项目规划设计方案合理
	项目规划技术经济指标合理
	计算机软件录入产品组合、规划参数正确
（实训活动任务单 006） 房地产地块开发的建设管理	项目建设招标方案合理
	项目建设管理方案合理
	项目楼盘验收方案合理

任务与作业	验收合格标准
（实训活动任务单 007） 房地产地块开发楼盘销售	楼盘产品价格方案合理
	计算机实训软件楼盘销售正确
（实训活动任务单 008） 房地产地块开发项目经营分析	项目收入分析报告正确
	项目成本分析报告正确
	项目经营利润分析报告正确
	计算机实训软件经营结果分析正确
（实训活动任务单 009） 房地产开发实训总结与经验分享	实训总结条理清楚
	实训交流分享 PPT
实训收尾结束 ①《房地产开发实训报告（作业文件）》 ②实训考勤表 ③实训计划进度表	实训报告思路清晰、结构合理、形式美观、任务执行正确有业绩、考勤与实施进度实事求是

（2）综合实训验收评价表

根据"第 1 章 表 1-5 房地产项目开发业务综合实训考核标准"，填写"综合实训单项验收评价表"，见表 2-48。

综合实训验收评价表　　　　　　　　　　　　　　　　　表 2-48

班级：　　　　　组别：　　　　　姓名：　　　　　指导教师：

实训名称：房地产项目开发业务综合实训

任务单号	应交作业文件	验收评价档次			
		优秀	良	合格	不合格
001	房地产开发项目的经营环境分析与市场分析报告				
002	房地产开发地块的竞拍方案				
003	房地产地块开发楼盘的市场定位与可行性分析方案				
004	房地产地块开发投资分析与融资方案				
005	房地产地块开发产品策划与规划设计方案				
006	房地产地块开发的建设管理方案				
007	房地产地块开发楼盘销售方案与销售结果				
008	房地产地块开发项目经营分析报告				
009	房地产开发实训总结与经验分享方案				
项目操作方案	《房地产开发实训报告（作业文件）》				
验收综合 评价档次					
验收评语	验收教师（签名）： 　　　　　　年　月　日				

（3）综合实训成绩

综合实训成绩，根据综合实训验收评价表，填写综合实训成绩评分表，见表2-49。

综合实训成绩评分表   表 2-49

班级：   组别：   姓名：   指导教师：

任务单号	小组讨论 （10%）	过程评价 （20%）	任务单成绩 （40%）	完成成果 （30%）	小结	比例
001						10%
002						5%
003						5%
004						5%
005						15%
006						5%
007						10%
008						10%
009						5%
项目开发 操作方案	思路清晰性 （0~20）	结构合理性 （0~20）	任务正确性 （0~40）	形式美观 （0~20）		30%
竞赛成绩						
总成绩						

下篇　房地产开发业务技能竞赛

房地产开发业务技能竞赛的任务是，检验学生的房地产开发业务操作能力和职业素养以及综合职业能力，使房地产专业学生在激烈的市场竞争氛围中适应房地产开发业务竞争环境，具备较强的房地产开发业务操作能力，毕业后能够快速投入房地产开发业务工作。本篇重点介绍了房地产开发业务技能竞赛的准备工作和房地产开发业务技能竞赛过程。

第3章　房地产开发业务技能竞赛准备

房地产开发业务技能竞赛的成败取决于其准备工作。本章从房地产开发业务技能竞赛的目的、意义和原则，房地产开发业务竞赛依据标准与竞赛内容、竞赛规则、竞赛组织以及竞赛平台等5个方面介绍了房地产开发业务技能竞赛的准备工作。

3.1　房地产开发业务竞赛目的、意义和原则

1. 赛项目的

（1）对接房地产行业企业需求，提高房地产经营与估价专业学生的核心技能。

（2）推进房地产经营与估价专业"教、学、考、做、赛"五位一体的教育教学改革，实现房地产职业教育"工学结合、学做合一"。

（3）推进沟通交流，为参赛院校搭建取长补短的平台，推动高职院校房地产经营与估价专业教学能力水平的整体提升。

（4）推进参赛院校房地产实训基地建设，打造高职院校为房地产行业、企业培训员工的平台，提高房地产经营与估价专业服务社会的能力。

（5）展示参赛选手在房地产业务竞赛中表现出的专业技能、工作效率、组织管理与团队协作等方面的职业素养和才华。

（6）吸引房地产行业企业参与，促进校企深度融合，提高房地产经营与估价专业教育教学的社会认可度。

（7）服务参赛学生，提供参赛学生与企业现场沟通的机会。

2. 赛项意义

（1）发挥大赛引领和评价作用，推进高职院校房地产经营与估价专业建设和教学改革。

（2）提升房地产业务技能大赛的社会影响，开创人人皆可成才、人人尽展其才的生动局面。

（3）提升高职房地产经营与估价专业服务经济发展方式转变和产业结构调整的能力。

（4）提升高职房地产经营与估价专业服务房地产企业的能力。

（5）通过房地产业务技能大赛展示教学成果、转化教学资源。

3. 赛项设计原则

（1）以房地产开发核心业务技能设计竞赛内容。以目标业务要求的技术技能综合运用水平、比赛任务完成质量以及选手素质水平作为评判依据，设计比赛的形式、内容。

（2）对接房地产产业需求。大赛与房地产产业发展相同步，竞赛内容和标准对接房地产行业标准和房地产企业技术发展水平。

（3）坚持行业指导、企业参与。以赛项专家组为核心、以房地产行业企业深度参与为支撑，组织赛事，以理实一体的方式体现房地产职业岗位对选手理论素养和操作技能的要求。

（4）采用团体赛。每个参赛队 3 人，比赛包含了对团队合作水平的考察内容。只设置团体奖，不设置个人奖。

（5）现场比赛与体验环节统一设计。赛前 30 天公开发布与竞赛相关理论素养内容，促进选手理论知识学习。不单独组织封闭的理论考试，将理论素养水平测试融入比赛内容，充分体验房地产经营环境与市场竞争。

（6）大赛项目与房地产开发综合实训项目融合。不以单一技能作为比赛内容。

（7）公平、公正、公开，保持客观性。比赛邀请行业企业专家观摩，除技能表演外，主要通过计算机软件实现竞赛过程，排除人为干扰因素。

3.2 房地产开发业务竞赛依据标准与竞赛内容

1. 赛项依据标准

房地产开发业务竞赛遵循的标准主要是房地产行业、职业技术标准，有 6 个方面：

（1）住房和城乡建设部、人力资源和社会保障部发布的《全国房地产经纪人资格考试大纲（第五版）》。

（2）住房和城乡建设部、人力资源和社会保障部联合发布的《房地产经纪人协理资格考试大纲（2013）》。

（3）住房和城乡建设部、国家发展和改革委员会、人力资源和社会保障部联合发布的《房地产经纪管理办法（2011 第 8 号令）》。

（4）人事部、建设部联合发布的《房地产经纪人员职业资格制度暂行规定（2001）》《房地产经纪人执业资格考试实施办法（2001）》。

（5）房地产估价师与房地产经纪人学会制订的《房地产经纪执业规则（2013）》。

（6）相关法律法规

①《中华人民共和国城市房地产管理法》；

②《中华人民共和国土地管理法》；

③《中华人民共和国城市规划法》；

④《中华人民共和国住宅法》；

⑤《中华人民共和国建筑法》；

⑥《中华人民共和国环境保护法》。

2. 竞赛内容

竞赛主要着眼于房地产职业素质测评，主要包括房地产开发基础知识的掌握，房地产开发业务流程的设计与操作，房地产从业人员的职业道德等，全面评价一个团队对房地产职业能力的理解、认识和掌握。同时，竞赛还注重对房地产专业核心技能及相关拓展技能的考核，在考核专业能力的同时，兼顾方法能力、社会能力。房地产开发业务技能竞赛内容主要包括住宅项目、商业项目开发业务的综合技能，具体竞赛知识面与技能点，见表3-1。房地产开发业务竞赛是在网络计算机上完成，业务竞赛时间是2小时。

竞赛知识面与技能点　　　　　　　　　　表 3-1

竞赛类别与所需时间	竞赛知识面	竞赛技能点
房地产开发业务竞赛 （2 小时）	1. 房地产行业与企业	1. 居住用地拍卖公告分析、竞拍报价 2. 地块项目开发风险分析、投资估算 3. 地块项目开发方案策划 4. 项目开发规划参数计算 5. 项目开发方案实施 6. 项目开发成本计算与收益分析
	2. 房地产开发项目与流程	
	3. 房地产经营与管理	
	4. 房地产开发与经营环境分析	
	5. 地块市场分析与预测	
	6. 地块开发风险分析与融资投资	
	7. 地块开发定位与征地	
	8. 地块开发规划设计、产品策划	
	9. 项目招标与建设合同	
	10. 项目建设组织、实施与验收管理	
	11. 项目交易经营	
	12. 售后物业管理介入与物业经营	
	13. 项目开发经营分析	

3.3 房地产开发业务竞赛规则

1. 竞赛时间安排

竞赛分为两段：

（1）上半段为技能表演，如住宅开发业务表演等，技能表演内容围绕房地产开发业务，由参赛队任意选取，时间8分钟，表演人员仅限于参赛学生和指导教师。

（2）下半段为技能对抗赛，时间为2小时，在网络竞赛平台上完成。

2. 竞赛流程

房地产开发业务技能竞赛流程，见图3-1。

3. 评分标准制订原则、评分方法、评分细则

（1）评分标准制订原则。计分对象只计团体竞赛成绩，不计参赛选手个人成绩。房地产开发业务综合技能竞赛成绩总分是110分，其中技能表演10分，技能对抗赛100分。

（2）评分办法

①技能表演得分，由评委综合打分，加权平均给出。

②技能对抗赛得分，由计算机根据竞赛流程和竞赛规则自动评判。

（3）评分细则

①技能表演评分细则。按表演主题、语言、动作、感染力、难度各占20%打分。

②技能对抗赛评分细则。房地产开发业务技能竞赛得分按开发业务取得的净利润金额折算。评分公式：得分＝〔(本组净利润－最低净利润)×100〕/(最高净利润－最低净利润)，排行最后(最低净利润)的参赛队得分为0。

4. 参赛选手

(1) 参赛选手应认真学习领会竞赛相关文件，自觉遵守大赛纪律，服从指挥，听从安排，文明参赛。

(2) 参赛选手请勿携带与竞赛无关的电子设备、通信设备及其他相关资料与用品。

(3) 参赛选手应提前15分钟到达赛场，凭参赛证、身份证检录，按要求入场，在指定位置就座，不得迟到早退。竞赛位抽签决定。

(4) 参赛选手应增强团队意识，严格执行房地产业务竞赛流程，科学合理分工与合作，预测可能出现的问题并采取相应对策。

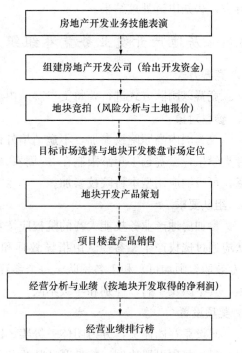

图 3-1　房地产开发业务技能竞赛流程

(5) 在竞赛过程中，如有疑问，参赛选手举手示意，裁判长应按照有关要求及时予以答疑。如遇设备或软件等故障，裁判长、技术人员等应及时予以解决。确因计算机软件或硬件故障，致使操作无法继续的，经裁判长确认，予以启用备用计算机。

(6) 参赛队若在规定的竞赛时间内未完成比赛，按实际完成情况计算成绩。

(7) 竞赛时间终了，选手应全体起立，结束操作，经工作人员许可后方可离开赛场，离开赛场时不得带走任何资料。

(8) 参赛代表队若对赛事有异议，可由领队向大赛组委会提出书面申诉。

5. 申诉与仲裁

(1) 申诉

①参赛队对不符合竞赛规定的设备、工具、软件，有失公正的评判、奖励，以及对工作人员的违规行为等，均可提出申诉。

②申诉应在竞赛结束后2小时内提出，超过时效将不予受理。申诉时，应由参赛队领队向大赛仲裁委员会递交书面申诉报告。报告应对申诉事件的现象、发生的时间、涉及的人员、申诉依据与理由等进行充分、实事求是的叙述。事实依据不充分、仅凭主观臆断的申诉将不予受理。申诉报告须有申诉的参赛选手、领队签名。

③申诉人不得无故拒不接受处理结果，不允许采取过激行为刁难、攻击工作人员，否则视为放弃申诉。

(2) 仲裁

①大赛采用仲裁委员会仲裁机制，仲裁委员会的仲裁结果为最终结果。

②大赛仲裁委员会收到申诉报告后，应根据申诉事由进行审查，3小时内书面通知申

诉方，告知申诉处理结果。

3.4　房地产开发业务竞赛组织

1. 竞赛方式

竞赛以团队方式进行，每支参赛队由 3 名选手组成，其中队长 1 名。

2. 参赛对象

仅为国内高职院校参加，不邀请境外代表队参赛。参赛选手应为高等学校在籍高职高专类学生，参赛选手年龄限制在 25 周岁（当年）以下。特殊情况下，经过大赛举办方同意，可吸纳应用型本科院校参加。

3. 组队要求

参加房地产业务技能大赛的院校应按竞赛内容组队，每个院校只允许报一个队，参赛队应通过选拔产生。参赛队由指导教师和参赛选手组成。每个参赛队可配 1 名指导教师（专兼职教师均可）和 1 名领队。每个参赛队选手 3 人（不设备选队员），须为同校在籍学生，其中队长 1 名，性别和年级不限。

4. 奖项设置

只设竞赛团体奖，分为团体一等奖、团体二等奖、团体三等奖。

（1）奖项设置比例。按参赛队比例设置奖项。其中一等奖占参赛队数的 10%、二等奖占 20%、三等奖占 30%（小数点后四舍五入）。奖项评定根据各参赛队竞赛成绩，以得分高低排序，分数相同时可以并列。

（2）获奖证书

①获奖参赛队颁发获奖证书。

②获奖参赛队的指导教师颁发优秀指导教师证书。

5. 大赛筹备工作人员及裁判（评委）、仲裁人员组成

（1）大赛筹备工作人员组成

①策划协调 1~2 人。

②专业技术组：10 人左右，由行业、企业专家和学校教师组成，负责竞赛流程研讨、赛项设计、题目设计。

③赛务组：6 人以上，负责参赛队联络、媒体联络、大赛宣传，竞赛运行环境构建和后勤保障。

（2）成立大赛裁判（评委）委员会，裁判人员由行业、企业专家和学校教师组成，5 人左右。

（3）成立大赛仲裁委员会，仲裁人员由行业、企业专家和学校教师组成，3 人左右。

3.5　房地产开发业务竞赛平台功能简介

1. 房地产开发业务技能竞赛平台要求

能够按开公司（给出开发资金）、地块竞拍、目标市场选择、地块开发楼盘市场定位、地块开发风险分析、地块开发投资、融资、产品策划、项目楼盘销售、经营分析、经营业绩（按地块开发取得的净利润）计算等流程竞赛，自动给出排行榜。

2. 业务竞赛与综合实训的关系

　　房地产开发业务竞赛是从房地产开发综合实训中提取出来的，比实训要求更高的地方有 6 点：

　　（1）进入业务竞赛之前需技能表演。

　　（2）业务涉及的知识更全面。

　　（3）时间更紧，完成整个竞赛的时间有严格限制。

　　（4）资金使用更加紧张。

　　（5）市场竞争更加激烈，对学生技能要求更高。

　　（6）要求学生之间的团队配合更和谐、默契。

3. 竞赛过程管理

　　竞赛过程管理包括对参赛学生、竞赛资源库等进行管理。

　　（1）参赛学生登录账号管理。

　　（2）学生分组。

　　（3）竞赛资源录入。

　　（4）地块、建设成本及房地产市场信息管理。

　　（5）竞赛成绩统计。

第4章 房地产开发业务技能竞赛实施过程

本章从房地产开发业务技能表演、组建房地产开发公司、地块竞拍（地块开发风险分析与土地报价）、目标市场选择与地块开发楼盘市场定位、地块开发产品策划、项目楼盘销售、地块开发经营分析、经营业绩排行榜等 8 个步骤介绍了房地产开发业务技能竞赛的操作内容。

步骤 1　房地产开发业务技能表演

1. 技能表演形式

技能表演形式有住宅项目开发业务表演、商业项目开发业务表演等。技能表演内容围绕房地产开发业务，由参赛队任意选取，如房屋质量验收、楼盘产品展示等，精心编排。

2. 技能表演时间

技能表演时间 8 分钟，表演人员仅限于参赛学生和指导教师。

3. 技能表演评分

技能表演由评委（裁判）综合打分，加权平均给出。技能表演评分细则，按表演主题、语言、动作、感染力、难度各占 20%打分。

步骤 2　组建房地产开发公司

房地产开发业务技能竞赛以团队方式进行，每支参赛队由 3 名选手组成，计分对象只计团体竞赛成绩，不计参赛选手个人成绩。所以，要组建房地产开发公司，以开发公司为团队进行比赛。参赛学生按给定的账号登陆竞赛平台，选定预先抽到的开发公司进入竞赛，即为成功组建了房地产开发公司。每个组建房地产开发公司初始条件是一样的，给出的自有开发资金、固定成本也是一样的，见图 4-1。

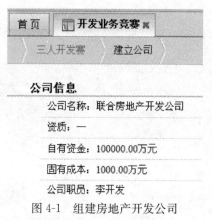

图 4-1　组建房地产开发公司

步骤 3　地块竞拍（地块开发风险分析与土地报价）

1. 分析房地产开发经营环境

①市场需求行情。包括住宅、商铺、车位等市场需求行情。

②建筑成本与税费行情。包括当地建筑市场成本单价行情与房地产税费行情。

2. 地块录入

进入地块抢录界面后，点击要抢录的地块"编号"，即可按该地块的拍卖公告录入该地块信息并给出土地竞拍出价，见图 2-5"地块信息录入与土地竞拍出价"。抢录的地块信息提交后，等待竞拍结果。

3. 竞拍成功

每块地以出价高的参赛队获取，当竞拍结束后，每个参赛队都能成功拍得一块开发用地。

步骤 4　目标市场选择与地块开发楼盘市场定位

1. 目标市场选择

根据房地产市场需求行情，选择地块的目标市场，如高端市场、中端市场、低端市场。

2. 地块开发楼盘市场定位

根据选定的目标市场，进行地块开发楼盘市场定位，如高端楼盘、中端楼盘、低端楼盘。

步骤 5　地块开发产品策划

1. 产品类型设计

①地块开发楼盘市场定位，进行产品定位，如高档产品、中档产品、低档产品。

②根据地块性质、规划参赛和产品定位设计产品类型，如住宅、商铺，见图 2-13。

2. 产品组合设计

①产品组合包括：产品品种组合，如住宅、商铺、写字楼等；楼型组合，如高层、小高层、多层等；数量比例组合等。

②检查验算提交产品组合。

步骤 6　项目楼盘销售

1. 提交产品销售

按照设计好的开发项目的产品表，如住宅、商铺、车位等产品，提交销售。

2. 降价销售

按照项目产品价格体系，对没有在刚性需求市场销售完的尾盘进行降价销售。

3. 查看成交总额

所有产品全部销售完成后，查看成交总额。

步骤 7　地块开发经营分析

1. 开发成本计算

填写表 2-38 中逐项计算的成本数据。

2. 开发收入计算

按照销售情况录入销售额。

3. 开发利润计算

录入表 2-39 中逐项计算的利润数据。

如果填写的经营分析数据与计算机计算不一样则不能提交成功，要反复计算直到数据正确、提交成功。

步骤 8　经营业绩排行榜

经营分析成功提交后或竞赛时间到，竞赛结束，计算机会自动统计每个公司的总利润额，自动给出排行榜和竞赛得分。

参 考 文 献

[1] 陈林杰. 房地产开发与经营实务(第4版)[M]. 北京：机械工业出版社，2017.

[2] 陈林杰、周正辉. 房地产营销与策划[M]. 北京：中国建筑工业出版社，2014.

[3] 陈林杰. 房地产经纪实务(第3版)[M]. 北京：机械工业出版社，2017.

[4] 陈林杰，曾健如，罗妮. 房地产开发综合实训(含竞赛)[M]. 北京：中国建筑工业出版社，2014.

[5] 陈林杰，黄国全，李涤怡. 房地产营销综合实训(含竞赛)[M]. 北京：中国建筑工业出版社，2014.

[6] 陈林杰，樊群. 房地产经纪综合实训(含竞赛)[M]. 北京：中国建筑工业出版社，2014.

[7] 李清立. 房地产开发与经营[M]. 北京：清华大学出版社，2004.

[8] 任宏，王瑞玲. 房地产开发经营与管理[M]. 北京：中国电力出版社，2008.

[9] 刘洪玉. 房地产开发经营与管理[M]. 北京：中国建筑工业出版社，2011.

[10] 陈林杰. 中国房地产战略创新[M]. 北京：线装书局，2009.

[11] 张敏莉. 房地产项目策划[M]. 北京：人民交通出版社，2007.

[12] 陈林杰，周正辉，曾健如，樊群. 全国房地产业务技能大赛的设计与实践[J]. 建筑经济，2014，35(12)：32-36.

[13] 陈林杰. 我国房地产专业人员的职业分类与分级管理[J]. 产业与科技论坛，2014(18)：206-207.

[14] 陈林杰，周正辉. 我国房地产开发专业人员职业标准研究[J]. 中外企业家，2015(24).

[15] 陈林杰，徐治理. 我国房地产营销师职业标准研究[J]. 中外企业家，2015(27).

[16] 陈林杰，韩俊. 我国房地产经纪人职业标准研究[J]. 中外企业家，2015(25)：165-165.

[17] 陈林杰，梁慷. 验房师职业标准研制与职业能力评价[J]. 建筑经济，2016，37(1)：109-114.

[18] 陈林杰，曾健如，周正辉，李涛. 房地产经营与估价人才专科教育现状与发展对策[J]. 建筑经，2014(8)：27-31.

[19] 陈林杰. 房地产业务技能大赛引领下的专业教学改革与实践[J]. 科技视界，2014(27)：47.

[20] 陈林杰. 房地产专业教学做赛一体化教学方法改革与实践[J]. 中外企业家，2014(28)：215-216.

[21] 陈林杰. 聚焦职业标准打造房地产专业技能核心课程群的改革与实践[J]. 产业与科技论坛，2014(16)：168-169.

[22] 陈林杰. 房地产专业"全渗透"校企合作办学模式的探索与实践[J]. 中外企业家，2014(25)：226-226.

[23] 陈林杰. 房地产专业订单式培养的课程与教学内容体系改革的探索与实践[J]. 科技信息. 2012(27)：31.

[24] 陈林杰. 我国房地产行业发展进入新常态分析[J]. 基建管理优化，2015(1)：2-5.

[25] 陈林杰. 新常态背景下房地产开发企业的发展策略[J]. 基建管理优化，2015(2)：35-39.

[26] 陈林杰，郭井立. 中国新兴地产现状及其发展前景[J]. 基建管理优化，2015(4)：9-11.

[27] 陈林杰，郭井立. 中国新兴商业地产运作策略[J]. 基建管理优化，2016(1)：2-6.

[28] 陈林杰. 新兴农业地产内涵与农业社区开发模式分析[J]. 基建管理优化，2016(2)：2-5.

[29] 陈林杰. 房地产大型项目开发理念、流程与模式选择[J]. 基建管理优化，2014(1)：22-26.

[30] 陈林杰. 我国房地产企业开发风险识别与评价研究[J]. 南京工业职业技术学院学报，2011，11

（1）：4-8.

[31]　陈林杰．房地产开发企业核心能力的识别与评价研究[J]．基建管理优化，2014(4)：17-21.

[32]　陈林杰．房地产开发企业的成长策略研究[J]．基建管理优化，2014(3)：2-5.

[33]　陈林杰．商业地产项目运营模式与运作技巧[J]．基建管理优化，2012(3)：20-22.

[34]　陈林杰．统筹城乡发展背景下居住区规划设计研究[J]．基建管理优化，2009(2)：8-12.

[35]　陈林杰．房地产网络营销的特点及方法分析[J]．基建管理优化，2016(3)：8-11.

[36]　陈林杰．房地产电商的类型特点及应用探索[J]．产业与科技论坛，2015(11)：176-177.

[37]　陈林杰．房地产项目一二手联动营销方法及其发展分析[J]．基建管理优化，2015(3)：2-4.

[38]　陈林杰．成本上升背景下我国房地产业发展的战略研究[J]．建筑经济，2008(7)：36-39.

[39]　陈林杰．核心能力识别模型与应用：透视万科集团成长道路[J]．建筑经济，2009(sl)：134-137.

[40]　陈林杰．金融危机背景下我国房地产业的发展战略[J]．建筑经济，2009(8)：41-43.

[41]　陈林杰．我国中小房地产企业发展问题与对策[J]．建筑经济，2007(5)：75-77.

[42]　陈林杰．房地产企业成长能力的识别与评价研究[J]．改革与战略，2010，26(11)：156-159.

[43]　陈林杰．中国产业自主创新能力评价模型的研究与实证分析[J]．改革与战略，2008，24(11)：168-170.

[44]　陈林杰．政府在住房保障制度实施中的行为分析[J]．上海房地．2011(7)：27-28.

[45]　陈林杰．房地产企业实施专业化发展战略[J]．上海房地．2011(1)：48-49.

[46]　陈林杰．房地产业发展形势与多种战略选择[J]．上海房地．2010(6)：38-40.

[47]　陈林杰．金融危机背景下房地产业现状与机遇分析[J]．上海房地．2009(4)：42-44.

[48]　陈林杰．统筹城乡发展应规划设计居住区[J]．上海房地．2008(12)：45-47.

[49]　陈林杰．金融危机的影响机理与房地产企业应对战略[J]．南京工业职业技术学院学报，2010，10(1)：4-7.

[50]　陈林杰．房地产开发中的人文关怀[J]．南京工业职业技术学院学报，2005，5(1)：34-36.

[51]　陈林杰．创新型房地产业及其经济增长发展模式研究[J]．南京工业职业技术学院学报，2009，9(1)：15-18.

[52]　陈林杰．房地产企业实施多元化战略的方法研究[J]．基建管理优化，2011(2)：32-36.

[53]　陈林杰．房地产企业战略调整的影响因素与调整方向研究[J]．基建管理优化，2010(1)：23-26.

[54]　陈林杰，梁慷．验房师是守护房地产项目质量的第三方力量[J]．产业与科技论坛，2015(12)：232-233.

[55]　陈林杰．调控住房价格是一项系统工程[J]．商场现代化．2007(13)：41-42.

[56]　陈林杰．中国房地产业自主创新能力评价研究[J]．科技与产业，2007，7(12)：1-4.

[57]　张莹．房地产行业现状、趋势分析与建议[J]．天津经济，2013(3)：36-38.

[58]　韩彦峰，苏瑞．我国房地产业融资现状研究[J]．特区经济，2011(1)：272-274.

[59]　张新生．构建我国供需平衡房地产市场的思考[J]．商业时代，2013(29)：125-126.

[60]　潘金秀．论房地产企业的融资方式[J]．商业时代．2013(9).

[61]　宋春华．观念·技术·政策——关于发展"节能省地型"住宅的思考[J]．住宅科技．2005(zl)：5-7.

[62]　宋春华．品质人居的绿色支撑[J]．建筑学报，2007(12)：4-7.

[63]　崔显坤、王全良、邵莉．人文社区绿色之城—济南田园新城规划[J]．建筑学报，2007(4)：47-52.

[64]　王凡．房地产企业整合营销战略研究[J]．北方经济，2008(1)：87-88.

[65]　郝婷．房地产品牌战略实施策略探讨[J]．科技与管理，9(3)：52-54.

[66]　商国祥．房地产企业实施品牌战略需关注的问题[J]．上海房地，2007(3)：58-59.

[67]　周巍．我国房地产品牌战略实施路径[J]．山西财经大学，2008(sl)：53-54.

[68] 田宝江．生态和谐——居住区规划设计理念创新[J]．城市建筑，2007(1)：6-8.

[69] 徐伟、李娟．南方地区新农村渐进式规划模式初探-以金坛市沙湖村为例[J]．城市规划．2008(4)：82-87.

[70] 中国房地产行业网[OL]．http：//www. cingov. com. cn/index. asp

[71] 中国建筑经济网[OL]．http：//www. coneco. com. cn/

[72] 中国房地产培训网[OL]．http：//www. realtycollege. com. cn/

[73] 中国房地产信息网[OL]．http：//www. realestate. cei. gov. cn

[74] 中国房地产门户网站——搜房地产网[OL]．http：//www. soufun. com/

[75] 房地产门户——焦点房产网[OL]．http：//house. focus. cn/

[76] 南京房地产专业网站[OL]．http：//www. e-njhouse. com/

[77] 南京房地产家居门户网站-365地产家居网[OL]．http：//www. house365. com/

[78] 南京市房产局网站[OL]．http：//www. njfcj. gov. cn/

[79] 南京市国土资源局网站[OL]．http：//www. njgt. gov. cn/

[80] 江苏土地市场网[76]http：//www. landjs. com

[81] 万科公司网站[OL]．http：//sh. vanke. com

[82] 栖霞建设网站[OL]．http：//www. chixia. com/

[83] 恒大地产网站[OL]．http：//www. evergrande. com/